岩 波 文 庫

33-207-1

新　訂

孫　　　　子

金 谷　治 訳注

岩 波 書 店

はしがき

本書は、中国最古の兵書『孫子』十三篇の全訳である。原文である漢文と、その読み下し文と、口語訳とを、各段ごとに対照してしるしたうえ、それぞれに分かりやすい注をつけてある。

原文のテクストは、『宋本十一家注孫子』をそのままに用いた。しかしこれを底本として、宋本『武経七書』、清《しん》の孫星衍《そんせいえん》の平津館《へいしんかん》本『魏武《ぎぶ》注孫子』、同人の岱南閣《たいなんかく》本『十家注孫子』、仙台藩の桜田景迪《けいてき》の『古文孫子』で対校し、なおまた新出土の「銀雀《ぎんじゃく》山《ざん》漢墓竹簡・孫子兵法」の残存部分とも照合して対校を重ねた。さらに『群書治要』・『通典』・『北堂書鈔』・『太平御覧』・『武経総要』などに引かれた文や『淮南子《えなんじ》』の類似文と比べて訂正を加え、諸家の校語をも参照して精善なテクストを得ることにつとめた。そして、その校訂の結果は読み下し文の方であらわし、底本の原文との異同については注で示した。

篇中の段落は原文にはないが、読者の便をはかって適当に切ったうえ、整理のために番号をつけた。必ずしも決定的な章別を示すものではない。

注は、原文の異同を示すものは＊印により、語句の意味の解釈にかかわるものは注番号を附して、両者を分けてしるした。すなわち、前者はやや専門的で、一般の読者には後者の注で足りると考えたからである。しかし、テクストの校定は本書の最も力を注いだところであるから、そうした類書の少ないことにもかんがみて、＊印の注は重要なものについてできるだけ詳しく入れた。この点で特に彼我の学界を益することを期待している。旧版と異なる新版の最も著しい特色は、銀雀山竹簡の新資料を参考したところにある。

口語訳は、〔　〕印ではさんだ補足のことば、——印ではさんだ解釈のことばなどを適当に入れて、それだけで十分に意味のとれるようにしてあるが、番号を附した注を参照されればさらに理解が深まるはずである。解釈のうえで主として拠った注釈は、魏の武帝(曹操)の注と、唐の杜佑《とゆう》以下の十家の古注と、わが荻生徂徠《おぎゆうそらい》の国字解とである。

附録として、『史記』巻六十五の孫子呉起列伝からぬいた孫子伝の口語訳と、『孫子』本文の重要語句索引とをつけた。

一九九九年九月

伊賀の里にて

金谷　治

目次

解説

『孫子《そんし》』十三篇は、中国の最も古い、また最もすぐれた兵書である。『孫子』のほかに『呉子《ごし》』『司馬法』『尉繚子《うつりようし》』『李衛公問対《りえいこうもんたい》』『黄石公三略』『六韜《りくとう》』の六つを加えたものを『七書』とよび、それらが中国の兵書の代表とされるのであるが、『孫子』は内容からいっても文章からいっても、それらとは格段にすぐれた古典である。『孫子』は中国歴代の兵書の総もとじめであり、その他の兵書の多くはいずれもその亜流だといってさしつかえない。のみならず、それはまたわが国にも古くから伝わり、とりわけて戦国期からあとでは極めて広般な影響を及ぼした。わが国の兵法もまたこの書をぬきにしては、その発展のあとをたどることはできない。

では、そのように重んじられてきたこの書の古典としての価値はどこにあるのであろう。それが、実戦の体験によってこそ生み出された貴重なその戦術に負うものであることはいうまでもなかろうが、もとよりそれだけのことではない。何よりも重要なことは、そうした現実的な戦術が深い思想的な裏づけを得て、戦争一般、さらには人生の問題として、広い視野の中に組みこまれていることである。「兵とは国の大事なり、死生の地、存亡の道、察せざるべからざるなり。」という重々しい巻頭のことばを見るだけでも、そのことは諒解されるであろう。個別的な戦争技術としての価値もさることながら、それを越え出て、さらに日常処世のうえから人生の在り方の問題にまでわたって深刻な思索を誘うものが、そこにはある。それは、単なる古い兵書としての歴史的な価値に止まるものでなく、さらに時代や地域の限界をも乗り越えてわれわれに訴えるような広い普遍性を備えているとみられるのである。そして、その文章もまた簡古な雅致のあるものとして高く評価される。文章のすぐれることは古典としての必須の要件であろうが、『孫子』はその点でもまた申し分がないのである。

『孫子』の作者は、春秋時代に呉《ご》王の闔廬《こうろ》(前五一四—四九七年在位)に仕えた孫武だとされてきた。しかし、『史記』にしるされたその伝記は極めて簡単で、その挿話も説話めいていてそのままの事実としては疑わしい(巻末附録を参照)。そして、春秋時代の歴史を書いた『春秋左氏伝』はもとよりのこと、その他の古い書物にも孫武の事蹟どころか名前すらも見当たらない。さらにはまた、後代の学者によって、『孫子』の内容そのものに、春秋よりは後の戦国時代でなければ書けないような文章があると指摘されるようになった。こうして、『孫子』を孫武の著述とする伝統的な見解は、学問的には、しだいに否定されることとなった。中には孫武その人の実在を否定する学者もあった。

孫武のことをしるした『史記』の伝記は、孫武のほかにもう一人、同じように「孫子」とよばれる戦国時代の斉《せい》の孫臏《そんぴん》のことをあわせて載せている。その伝記もまたそのままの事実としては面白すぎるようであるが、ただこの名前の方は戦国末の諸書に有名な兵法家として出てくる。さらに、その伝記で孫臏のことばとされているものに、今の『孫子』の内容と合うものがある。そこで、『孫子』の作者は春秋時代の孫武ではなくて、戦国時代のこの孫臏であろうとする説が出て有力になっていった。もしそうだとすると、それは孫武よりも百五十年以上もあとのほぼ紀元前三四〇年ごろで、孟子と同時代のやや先輩ということになる。しかし、この説でも孫臏の個人的な著作とみるだけでよいかに問題は残った。当時の述作の在り方から考えると、『孫子』もまた、その初めは孫武または孫臏のことばであったとしても、それが口伝なり簡策なりで断片的に伝えられるとともに、その他の伝承をもまじえて、やがてある時期に今日のような一部の書として定着したとみるのが、妥当な見方だからである。してみると、その時期は、『韓非子』に「孫・呉の書」というのを手がかりとして考えると、戦国時代の末期には成立していたことは確かである。そこに、さらに古くから伝承された「孫子」その人の思想が生かされていることは、もとよりいうまでもない。

さて、その「孫子」その人であるが、春秋の呉の国の孫武と戦国の斉の国の孫臏との両人がいて、『孫子』の作者としては孫武でなくて孫臏であろうとする学説が有力であったが(武内義雄「孫子十三篇の作者」)、ここに思いがけない新しい資料が発見された。一九七二年に山東省臨沂《りんぎ》県の銀雀山《ぎんじやくざん》漢墓から発掘された漢初の竹簡資料である。そこでは、今の十三篇『孫子』とほぼ重なるものがあった他に、これまで殆んど知られなかった孫臏と関係する大量の兵書が含まれていた(一九七五年『銀雀山漢墓竹簡(壱)』)。そして、新資料の研究が進むにつれて、『孫子』の内容が『孫臏兵法』のそれよりも相対的に古いらしいということも、しだいに明らかにされてきた。つまり、今の『孫子』は、孫臏よりも伝説どおりに春秋の孫武に関係づける方が自然だとされ、さきに有力であった孫臏説は、別に『孫臏兵法』の出現もあったということで、影を潜めることになった。

問題はなお残されている。著者が孫武であるとしても、前にもふれたとおり、それを孫武個人の自著とすることはできないからである。むしろ、新資料のなかで両孫子を合わせた「孫氏之道」という呼称があったりすることからすると、孫氏学派ともいうべき伝承のなかで育くまれたものとみるのがよく、新資料のなかでも両孫子の混合があることも考えられてよい。著者は孫武として、十三篇のその原型はほぼ戦国中期の孫臏の前、あるいは同じころの成立と考えておくのがよいであろう。

『孫子』の内容は十三篇に分かれる。第一の計篇は戦争の前によく熟慮すべきことを述べたもので全篇の序論にあたり、第二の作戦篇は戦争をはじめるにあたっての軍費の問題から動員補充などの計画に及び、第三の謀攻篇は謀慮による攻撃、すなわち戦わずして勝つの要道を述べていて、以上の三篇が、ほぼ総説ともいうべきものである。これにつづく三篇は、これまた密接に関連したもので、第四の形篇は攻守の態勢について、第五の勢篇はその態勢から発動する軍の勢いについて、第六の虚実篇はそれをうけて戦争の主導性(実)の把握について述べていて、いずれも戦争の一般的な構造規定というべきものである。そして、さきの三篇の総説と、この三篇の戦術原論ともみるべきものをうけて、第七以下の各論が展開される。すなわち、軍争・九変・行軍・地形・九地などの篇は、いずれも実戦にあたっての有益なこまかい配慮のゆきとどいた戦術で、最後は第十二の火攻篇すなわち火攻めについての論と、第十三の用間篇すなわちスパイに関する論とによって結ばれるのである。それらの内容には少なからぬ後世の乱れのあることも考えられるが、本来の全篇の組み立てとしては、そこに組織的な意図のあったことがうかがわれる。

全篇を通じての内容的な特色としては、まず第一にあげなければならないのは、それが好戦的なものではないということである。「百戦百勝は善の善なる者に非《あら》ざるなり。戦わずして人の兵を屈《くっ》するは善の善なる者なり。」(謀攻篇一)ということばに、それは最も端的に示されているが、「兵とは国の大事なり。」として軽々しく事を起こすのを戒め(計篇一)、「兵は拙速《せっそく》なるを聞くも、未だ巧久《こうきゅう》なるを睹《み》ず。」として国力の消耗を考えて長期戦を否定し(作戦篇一)、「上兵は謀《ぼう》を伐《う》つ。……其の下《げ》は城を攻む。」として、「善く兵を用うる者は、人の兵を屈するも而も戦うに非ず。」と結ぶ(謀攻篇二)のなどはいずれもそれである。恐らく戦国の苛烈な様相を前にして沈思した結果のことで、兵書としては一見似つかわしくないことのようにも思えようが、そこに、『孫子』の内容の深さがある。それは、『老子』の「兵は不祥《ふしよう》の器、……已《や》むを得ずしてこれを用う。」(第三十一章)とか「善く敵に勝つ者は与《とも》にせず(争わず)。」(第六十八章)とかいうことばを思い出させるもので、同じような時代の背景を想わせるものがあろう。

次には、その立場の現実主義的なことである。これは、さきのことと違って、兵書として当然なことと考えられるが、それにしてもその現実に対する微細な観察とそれから出発して踏みはずすことのない徹底した現実主義的な立論とは、やはり特筆すべきことである。行軍・地形・九地などの篇で戦場の様相を区別してそれぞれに応じた処置を説き、あるいは「衆樹の動く者は〔敵の〕来たるなり、……鳥の起《た》つ者は伏〔兵〕なり、……塵《ちり》高くして鋭き者は〔戦〕車の来たるなり、……」(行軍篇六)などと敵情観察の法を説くことばなどは、実体験の深さをそのままに示すものであるが、精緻な現実観察からこそ生まれたものである。軽々しく戦いを起こすなというさきの主張も、これと関係のあることだと見られよう。開戦前の慎重な熟慮のもとに十分の勝算を立ててはじめて戦うべきことを述べ、「勝兵は先ず勝ちて而る後に戦いを求め、敗兵は先ず戦いて而る後に勝を求む。」(形篇二)、「利に非ざれば動かず、得るに非ざれば用いず。」(火攻篇四)などといい、やがて「彼れを知りて己れを知れば、百戦して殆《あや》うからず。」(謀攻篇五、地形篇五)という。敵情を知るためには特に用間篇で間諜《スパイ》の重要性が説かれる。そして、それに加えて身方の実情をも熟知することが必要だというのは、現実の正しい把握から出発することこそが兵法の要諦であることを述べたものである。理想に燃えて現実を忘れ、進むを知って退くことを知らないのは、『孫子』のとらないところであった。

さて、第三の特色は、戦争に際して主導性を把握することの重要さがくりかえして強調されることである。「善く戦う者は、人を致《いた》して人に致されず。」(虚実篇一)、「用兵の法は、其(敵)の来たらざるを恃《たの》むこと無く、吾れの以て待つ有る(備えがある)ことを恃む。」(九変篇六)、「善く戦う者は、先ず勝つべからざるを為《な》して、以て敵の勝つべきを待つ。」(形篇一)。いわゆる虚実の理――充実した身方の態勢で敵の虚を伐つべきこと(虚実篇)――や、また奇正の法――正規の法によりつつ情況に応じた奇法を使うべきこと(勢篇)――なども、これにかかわることである。軍争篇では敵の機先を制することの重要さを説くとともに、それについての戒めをも述べるが、それも同様である。「彼れを知り己れを知る」ことももとよりこれと関係するが、とりわけてわが形を人に知らせるなとする主張は重要である。「善く守る者は九地の下に蔵《かく》れ、善く攻むる者は九天の上に動く。」(形篇一)、「善く攻むる者には、敵　其の守る所を知らず。善く守る者には、敵　其の攻むる所を知らず。微なるかな微なるかな、無形に至る、……」(虚実篇二)、「将軍の事は、静かにして以て幽《ふか》く、正しくして以て治まる。能く士卒の耳目を愚《ぐ》にして、これをして知ること無からしむ。」(九地篇六)などというのがそれであるが、そこにはまた『老子』の思想との関係を思わせるものもある。

『孫子』の特色としては、なおこまかい軍事思想上のこととして、将軍の職分を特別に重視することとか、「兵とは詭道《きどう》——あいてのうらをかくやり方——なり。」(計篇三)とする権変の思想なども注目すべきことである。そのほかいろいろと挙げることが可能であろうが、それらは要するに上に挙げた現実主義的な立場につらぬかれ、また軍の主導性を重視する立場から発しているとみてよい。『孫子』の内容的な特色としては、上の三点こそが重要であろう。そして、その思想は、古くから兵家《へいか》として一派をなすと見られてきたように、確かに特殊なものであるが、またそこに『老子』との関係の深いことが認められるほか、法家や儒家の思想との交流もうかがわれる。

『孫子』の深い思想的裏づけが特にそうした点に濃厚に見られることは、もとよりいうまでもなかろう。やはり、思想界の活潑であったいわゆる諸子百家の時代の反映であるとしなければならない。

『孫子』のテクストは、『史記』の伝記によると十三篇とあって今日のと同じようであるが、次の『漢書』の記録では呉《ご》孫子兵法八十二篇、斉《せい》孫子八十九篇の二種になっていて、そこに問題がある。今日の十三篇のテクストはまず魏の武帝(曹操)の時にまでさかのぼれる。武帝が注を書いたときに、呉孫子八十二篇のなかから後世の附加とみられる何十篇かを除いて『史記』の当時の旧形に復したのだとも考えられるが、それはつまびらかでない。ただ、われわれが手にする『孫子』のテクストは、後にのべる新出土の竹簡本を除いて、すべて魏の武帝が注を加えた『魏武注孫子』から出ていることは確かである。

そこで、『孫子』の精善なテクストを得るためには、まずこの『魏武注孫子』の古いものを求めればよいと考えられた。そしてそれには清《しん》の孫星衍《そんせいえん》が宋版本にもとづいて覆刻したという「平津館本《へいしんかんぼん》」と宋本『武経七書』のテクストと宋の吉天保が集めた

『十家孫子会注』のテクスト、すなわち「十家注本」とがある。『武経七書』は、本文だけの無注本であるが、テクストの系統としては「平津館魏武注本」とひとしく、今日では静嘉堂文庫の善本が影印されて続古逸叢書に収められている。それに対して「十家注本」の方は、魏の武帝のほかに梁《りょう》の孟氏、唐の李筌《りせん》・杜牧《とぼく》・陳皞《ちんこう》・賈林《かりん》、宋の梅聖兪《ばいせいゆ》(堯臣)・王晳《おうせき》・何延《かえん》錫《し》・張預の九人の注をあわせ、さらに『通典』に見える唐の杜佑《とゆう》の解釈をものせた便利なもので、そのテクストはさきの「平津館魏武注本」とはかなりの異同がある。そして、その善本は、商務印書館の『道蔵』太清部に収められたものと、孫星衍が華陰嶽廟の『道蔵』本によって校刊して岱南閣《たいなんかく》叢書に収めたものと、そして、近年の中国で影印出版された『宋本十一家注孫子』(一九六一年、中華書局)のテクストとである。新版の「十一家注本」は商務印書館の「道蔵本」とほとんどひとしいが、確かにそれに勝る精善なテクストであるから、底本にはそれを用いることにした。

ところで、もう一つ問題の書がある。それは、仙台藩の儒者桜田景迪《けいてき》が嘉永五年に校正出版した『古文孫子』という本文だけのものである。桜田氏の文によると、これは古くからその家に伝えられた写本によったもので、魏武注よりも以前の古い面目を伝えるものだといい、安積艮斎《あさかごんさい》・斎藤竹堂《ちくどう》などがそれに賛している。仔細に内容を吟味してみると、桜田氏によって改められたかと思えるところも少なくないが、また確かに古い根拠のあることを思わせる異同も見出せる。そして、『孫子』のわが国における伝来と普及との歴史的事情を考え合わせると、古鈔本の流れをくむこの類の書物のあることは、それほど不思議なことではない。そこで、この書が果たして真に桜田氏のいうとおりであるかどうかはなお問題であるが、やはりひとまず校勘の主要な資料に加えるのが悔いを残さぬために必要であろう。ここでは東北大学に蔵するこの書の版下《はんした》本を用いた。

さて、最後に新出土の竹簡本『孫子』がある。新発見の『孫臏兵法』の部分は筆者にも専書があって一般の研究が進んでいるが、現行十三篇と重なる資料については、必ずしもそうでない。それが十三篇の完本ではなく、断乱や脱簡が多くて解読困難な文字も少なくないという、この資料の難点があるからである。とは言え、銀雀山の墓主は漢の武帝の初年ごろ(前一四一年)の人とされるから、出土資料はそれ以前のもので、魏の武帝の手をへたとされる現行のテクストからすると、その貴重なことはいうまでもない。ここでは『銀雀山漢墓竹簡(壱)』(文物出版社、一九七五年版、一九八五年版)によって校勘資料に加えることとした。

主要なテクストの説明は以上で終わるが、さらに唐・宋時代の他書に引用されたものを利用したり、また内容の文脈から考えたりして、本文の誤りを正そうとする努力もこれまで行なわれてきた。さきに挙げた孫星衍の「岱南閣本《たいなんかく》」がその最もあらわれたもので、ほかに兪樾《ゆえつ》の『諸子平議』補録に収められた数条や、吾師武内義雄博士の「孫子考文」などが重要である。ここでもそれらの教えをうけたが、あらためて『淮南子』兵略篇・『群書治要』(宮内庁書陵部蔵本)・『通典』・『北堂書鈔』・『太平御覧』・『武経総要』などに全面的にあたって一々検討を加え、何ほどかの新見を加えることができた。近年の楊炳安氏『孫子集校』は力作ではあるが、「宋本十一家注本」の完本と『群書治要』の写本、それに新出土の竹簡本とを見ていないことを欠点とする。

『孫子』の注釈については、上に述べた魏武注と十家注とが最も中心として拠るべきものである。とりわけて、前者が最も古くてまた最もすぐれているが、唐の杜牧も「十に一を解せず。」といったように、簡潔にすぎて分かりにくいところがある。『孫子』の文章は簡古で隠微であるからかなり詳しい注釈が要るわけで、ここに諸家の多くの注が生まれることとなった。十家の中では、杜佑・杜牧・梅聖俞・張預などのが平明である。その後、明・清にわたって多くの注釈があるが、明の劉寅《りゅういん》の『武経直解《ぶけいちょくかい》』、趙本学《ちょうほんがく》の『孫子校解引類』(趙注孫子)などはわが国でも覆刻されて広く読まれたものである。またわが国のものとしては、林羅山《はやしらざん》・山鹿素行《やまがそこう》・新井白石《あらいはくせき》・荻生徂徠《おぎゅうそらい》・佐藤一斎・吉田松陰のほか、これまた数多いが、中でも徂徠の『孫子国字解』は特にすぐれている。近年のものとしては中国では郭化若氏の『孫子今訳』その他があり、わが国でも類書が多いが、竹簡本を主としたものとして浅野裕一氏の『孫子』がある。

孫子

計篇*一

*『武経七書』本(以下「武経本」という。)・平津館《へいしんかん》本『魏武《ぎぶ》注孫子』(以下「平津本」という。)では「始計第一」とある。また全篇を三巻に分け、本篇より勢篇第五までを巻上、虚実篇第六より行軍篇第九までを巻中、地形篇第十以下を巻下とする。底本の『宋本十一家注孫子』も三巻であるが、勢篇以下を巻中とする。仙台藩桜田氏の『古文孫子』(以下「桜田本」という。)では「計篇第一」とあり、全篇を二巻に分けて本篇から行軍篇第九までを上篇、以下を下篇とする。三巻の分け方は梁《りょう》の阮孝緒《げんこうしょ》の『七録』に見えてから以後一般に広く行なわれているが、二巻の方は『隋書《ずいしょ》』経籍志、『日本現在書目』に見えるにかかわらず、その後この桜田本だけが一致する。『十家注本』は篇ごとに分巻して十三巻。

一　計とは、はかり考える意味。開戦の前によくよく熟慮すべきことを述べる。

一*

孫子曰、兵者國之大事、*死生之地、存亡之道、不可不察也、*故經之以五事、校之以計、*而索其情、一曰道、二曰天、三曰地、四曰將、五曰法、道者令民與上同意也、*故可以*與之死、可以*與之生、而不畏危、*天者陰陽寒暑時制也、*地者遠近險易廣狹死生也、將者智信仁勇嚴也、法者曲制官道主用也、凡此五者、將莫不聞、知之者勝、不知者不勝、故校之以計、而索其情、曰主孰有道、將孰有能、天地孰得、法令孰行、兵衆孰强、士卒孰練、賞罰孰明、吾以此知勝負矣、

孫子《そんし》曰《い》わく、兵とは国の大事なり、死生の地、存亡の道、察せざるべからざるなり。故にこれを経《はか》るに五事を以てし、これを校《くら》ぶるに計《けい》を以てして、其の情を索《もと》む。

一に曰わく道、二に曰わく天、三に曰わく地、四に曰わく将、五に曰わく法なり。道とは、民をして上と意を同じくせしむる者なり。故にこれと死すべくこれと生くべくして、危《うたが》わざるなり。天とは、陰陽・寒暑・時制なり。地とは遠近・険易《けんい》・広狭《こうきょう》・

死生二なり。将とは、智・信・仁・勇・厳なり。法とは、曲制《きょくせい》三・官道四・主用なり。凡そ此の五者は、将は聞かざること莫《な》きも、これを知る者は勝ち、知らざる者は勝たず。

故にこれを校《くら》ぶるに計を以てして、其の情を索《もと》む。曰わく、主　孰《いず》れか有道なる、将　孰れか有能なる、天地　孰れか得たる、法令　孰れか行なわる、兵衆　孰れか強き、士卒　孰れか練《なら》いたる、賞罰　孰れか明らかなると。吾れ此れを以て勝負を知る。

＊一——原本では分段がないが、以下卑見によって定めた。＊大事——桜田本には、この下に「也」の字がある。竹簡本にもあって、その方がよい。＊察也——桜田本では「察焉」。＊以計——桜田本では「計」の上に「七」の字がある。なお『通典』巻百四十八では、ここの二句を「故経之以五校之計、」と一句にし、岱南閣《たいなんかく》十家注本(以下「岱南本」という。)はそれを取るがよくない。＊同意也故——竹簡本には「意」の下に「者」の字がある。武経本・平津本・桜田本には「也故」の二字がない。＊可以——竹簡本・武経本・平津本・桜田本には「以」の字がない。『太平御覧《たいへいぎょらん》』巻二百七十とも合う。＊不畏危——『通典』では「人不佹」。竹簡本は「民不詭」。魏武注に「危とは危疑なり。」とある。清《しん》の兪樾《ゆえつ》の説に従って「畏」の字を除くのがよい。＊時制也——竹簡本ではこの下に「順逆兵勝也」の五字がある。「順逆」は天に従うのと逆らうのとで、それによって勝負がきまること。

一　陰陽——明るさ暗さ、晴雨、乾湿などのこと。『国語』越語《えつご》の注に「陰陽とは剛柔・晦朔・三光・盈縮をいう。」とある。**二**　死生——高低のこと。『淮南子《えなんじ》』兵略篇の注に「高きものを生、ひくきものを死という。」とある。三 曲制――曲は部曲すなわち軍隊の部わけ。それについての制度をいう。以下「主用」までの六字を六種に分けて解釈する説もある。四 官道――道は治と同じ。軍中の職分の治め方。

孫子はいう。戦争とは国家の大事である。〔国民の〕死活がきまるところで、〔国家の〕存亡のわかれ道であるから、よくよく熟慮せねばならぬ。それゆえ、五つの事がらではかり考え、〔七つの〕目算で比べあわせて、その時の実情を求めるのである。〔五つの事というのは、〕第一は道、第二は天、第三は地、第四は将、第五は法である。〔第一の〕道とは、人民たちを上《かみ》の人と同心にならせる〔政治のあり方の〕ことである。そこで人民たちは死生をともにして疑わないのである。〔第二の〕天とは、陰陽や気温や時節〔などの自然界のめぐり〕のことである。〔第三の〕地とは、距離や険《けわ》しさや広さや高低〔などの土地の情況〕のことである。〔第四の〕将とは、才智や誠信や仁慈や勇敢や威厳〔といった将軍の人材〕のことである。〔第五の〕法とは、軍隊編成の法規や官職の治め方や主軍の用度〔などの軍制〕のことである。およそこれら五つの事は、将軍たる者はだれでも知っているが、それを深く理解している者は勝ち、深く理解していない者は勝てない。

それゆえ、〔深い理解を得た者は、七つの〕目算で比べあわせてその時の実情を求めるのである。すなわち、君主は〔敵と身方とで〕いずれが人心を得ているか、将軍は〔敵と身方とで〕いずれが有能であるか、自然界のめぐりと土地の情況とはいずれに有利であるか、法令はどちらが厳守されているか、軍隊はどちらが強いか、士卒はどちらがよく訓練されているか、賞罰はどちらが公明に行なわれているかということで、わたしは、これらのことによって、〔戦わずしてすでに〕勝敗を知るのである。

二

將聽吾計、用之必勝、留之、將不聽吾計、用之必敗、去之、計利以聽、乃爲之勢、以佐其外、勢者因利而制權也、

将　吾が計を聴《き》くときは、これを用うれば必ず勝つ、これを留めん。将　吾が計を聴かざるときは、これを用うれば必ず敗る、これを去らん。計、利として以て聴かる

れば、乃《すな》わちこれが勢《せい》を為《な》して、以て其の外を佐《たす》く。勢とは利に因《よ》りて権《けん》を制するなり。＝

一将――助字とみて「もし、あるいは、」の意にとる説も有力。そのばあいには、「これを留めん」「これを去らん」は、孫子自身がその国に留まり、また去ることと解される。＝第一段でのべた「五事七計」は、「戦わずして勝つ」兵法の常道であるが、それを守ったうえで、なおまた実戦にあたっての臨機応変の道としての詭道《きどう》が必要であることをいい、第三段の発端とした。勢のことは勢篇第五に詳しい。

将軍がわたしの〔上にのべた五事七計の〕はかりごとに従うばあいには、彼を用いたならきっと勝つであろうから留任させる。将軍がわたしのはかりごとに従わないばあいには、彼を用いたならきっと負けるであろうから辞《や》めさせる。はかりごとの有利なことが分かって従われたならば、〔出陣前の内謀がそれで整ったわけであるから、〕そこで勢《せい》ということを助けとして〔出陣後の〕外謀とする。勢とは、有利な情況〔を見ぬいてそれ〕にもとづいてその場に適した臨機応変の処置をとることである。

三

兵者詭道也、故能而示之不能、用而示之不用、近而示之遠、遠而示之近、利而誘之、亂而取之、實而備之、强而避之、怒而撓之、卑而驕之、佚而勞之、親而離之、攻其無備、出其不意、此兵家之勝*、不可先傳也、

兵とは詭道《きどう》なり。故に、能《のう》なるもこれに不能を示し、用なるもこれに不用を示し、近くともこれに遠きを示し、遠くともこれに近きを示し、利[二]にしてこれを誘い、乱にしてこれを取り、実にしてこれに備え、強にしてこれを避け、怒にしてこれを撓《みだ》[三]し、卑にしてこれを驕《おご》らせ、佚《いつ》にしてこれを労し、親《しん》にしてこれを離す。其の無備を攻め、其の不意に出《い》ず。此れ兵家の勢《せい》、先きには伝うべからざるなり。

＊兵家之勝——武内義雄『孫子考文』(以下『考文』という)にいう、古注から考えると「勝」の字は「勢」の字の誤りで、この「勢」は上文(第二段の末)を承けたものである。字形が近いための誤写であろうと。

一 詭道――「詭」はいつわり欺くの意。正常なやり方に反した、あいての裏をかくしわざ。

二 利にして……――以下の句は上文と句形が変わり、解釈に異説が多い。「而」の上の「利」「乱」などの字をすべて敵方に属するものとみて、統一的に解釈することにした。 三 撓――敵の怒りに乗じて精神的にかき乱すこと。

戦争とは詭道《きどう》――正常なやり方に反したしわざ――である。それゆえ、強くとも敵には弱く見せかけ、勇敢でも敵にはおくびょうに見せかけ、近づいていても敵には遠く見せかけ、遠方にあっても敵には近く見せかけ、〔敵が〕利を求めているときはそれを誘い出し、〔敵が〕混乱しているときはそれを奪い取り、〔敵が〕充実しているときはそれに防備し、〔敵が〕強いときはそれを避け、〔敵が〕怒りたけっているときはそれをかき乱し、〔敵が〕謙虚なときはそれを驕《おご》りたかぶらせ、〔敵が〕安楽であるときはそれを疲労させ、〔敵が〕親しみあっているときはそれを分裂させる。〔こうして〕敵の無備を攻め、敵の不意をつくのである。これが軍学者のいう勢《せい》であって、〔敵情に応じての処置であるから、〕出陣前にはあらかじめ伝えることのできないものである。

四

夫未戰而廟算勝者、得算多也、未戰而廟算不勝者、得算少也、多算勝、少算不勝、而況於無算乎、吾以此觀之、勝負見矣、

夫《そ》れ未《いま》だ戦わずして廟算《びょうさん》して勝つ者は、算を得ること多ければなり。未だ戦わずして廟算して勝たざる者は、算を得ること少なければなり。算多きは勝ち、算少なきは勝たず。而るを況《いわ》んや算なきに於《お》いてをや。吾れ此れを以てこれを観るに、勝負見《あら》わる。

━廟算――開戦出兵に際しては、祖先の霊廟で画策し、儀式を行なうのが、古代の習慣であった。廟算は『淮南子』兵略篇の廟戦と同じで、宗廟で目算すること。兵略篇「凡そ用兵者は必ず先ず自ら廟戦す。……故に籌《はかりごと》を廟堂の上に運《めぐ》らして勝を千里の外に決す。」

一体、開戦の前にすでに宗廟《おたまや》で目算して勝つというのは、〔五事七計に従って考え

た結果、〕その勝ちめが多いからのことである。開戦の前にすでに宗廟で目算して勝てないというのは、〔五事七計に従って考えた結果、〕その勝ちめが少ないからのことである。勝ちめが多ければ勝つが、勝ちめが少なければ勝てないのであるから、まして勝ちめが全く無いというのではなおさらである。わたしは以上の〔廟算《びょうさん》という〕ことで観察して、〔事前に〕勝敗をはっきりと知るのである。

作戦篇*一

＊桜田本は「戦篇第二」。竹簡本は「作戦」、武経本・平津本は「作戦第二」。

一　軍を起こすについて。主として軍費のことをのべる。

一

孫子曰、凡用兵之法、馳車千駟、革車千乘、帶甲十萬、千里饋糧、則*內外之費、賓客之用、膠漆之材、車甲之奉、日費千金、然後十萬之師擧矣、其用戰也、勝久*則鈍兵挫銳、攻城則力屈、久暴師則國用不足、夫鈍兵挫銳、屈力殫貨、則諸侯乘其弊而起、雖有智者、不能善其後矣、故兵聞拙速、未睹*巧之久*也、夫兵久而國利者、未之有也、故不盡知用兵之害者、則不能盡知用兵之利也、

孫子曰《い》わく、凡《およ》そ用兵の法は、馳車千駟《ちしゃせんし》〔一〕・革車千乗《かくしゃせんじょう》〔二〕・帯甲《たいこう》十万、千里にして糧を饋《おく》るときは、則ち内外の費・賓客の用・膠漆《こうしつ》の材・車甲の奉、日に千金を費して、然《しか》る後《のち》に十万の師挙《あ》がる。其の戦いを用《おこ》なうや久しければ則ち兵を鈍《つか》らせ〔三〕鋭《えい》を挫《くじ》く。城を攻むれば則ち力屈《つ》〔四〕き、久しく師を暴《さら》さば則ち国用足《た》らず。夫れ兵を鈍《つか》らせ鋭を挫《くじ》き、力を屈《つ》くし貨を殫《つ》くすときは、則ち諸侯其の弊《へい》に乗じて起こる。智者ありと雖《いえど》も、其の後《あと》を善くすること能《あた》わず。故に兵は拙速《せっそく》なるを聞くも、未だ巧久《こうきゅう》なるを睹《み》ざるなり。夫れ兵久しくして国の利する者は、未だこれ有らざるなり。故に尽《ことごと》とく用兵の害を知らざる者は、則ち尽とく用兵の利をも知ること能わざるなり。

＊則――武経本・平津本・桜田本ではこの字が無い。＊勝久――『太平御覧』巻二百九十三では「久」の字だけで、上下の意味からするとそれがよい。＊睹――武経本・平津本・桜田本では「覩」。通用。＊巧之久――『北堂書鈔』巻百十三では「巧久」、『文選《もんぜん》』巻二十九李注の引用では「工久」とある。「之」の字は除くべきであろう。

〔一〕馳車千駟――戦闘用の軽車千台。駟は一台ごとの四頭だての馬のこと。〔二〕革車――輜重の重車。〔三〕兵を鈍らせ――鈍は謀攻篇の「兵頓せず」の頓と同じ。竹簡本では「頓」。弊の意。軍の器材が損傷するばかりで補充がつかずに疲弊すること。〔四〕屈――竭の意。尽くす。

孫子はいう。およそ戦争の原則としては、戦車千台、輜重車《しちょうしゃ》千台、武具をつけた兵士十万で、千里の外に食糧を運搬するというばあいには、内外の経費、外交上の費用、にかわやうるしなどの〔武具の〕材料、戦車や甲冑の供給などで、一日に千金をも費してはじめて十万の軍隊を動かせるものである。〔従って、〕そうした戦いをして長びくということでは、軍を疲弊させて鋭気をくじくことにもなる。〔それで〕敵の城に攻めかけることになれば戦力も尽きて無くなり、〔だからといって〕長いあいだ軍隊を露営させておけば国家の経済が窮乏する。

そもそも軍も疲弊し鋭気もくじかれて〔やがて〕力も尽き財貨も無くなったということであれば、〔外国の〕諸侯たちはその困窮につけこんで襲いかかり、たとい〔身方に〕智謀の人がいても、とても〔それを防いで〕うまくあとしまつをすることはできない。だから、戦争には拙速《せっそく》——まずくともすばやく切りあげる——というのはあるが、巧久《こうきゅう》——うまくて長びく——という例はまだ無い。そもそも戦争が長びいて国家に利益があるというのは、あったためしがないのだ。だから、戦争の損害を十分知りつくしていない者には、戦争の利益も十分知りつくすことはできないのである。

二

善用兵者、役不再籍、糧不三載、取用於國、因糧於敵、故軍食可足也、國之貧於師者遠輸*、遠輸則百姓貧、近於師者*貴賣、貴賣則百姓財竭*、財竭則急於丘役、力屈財殫中原、內虛於家*、百姓之費、十去其七、公家之費、破車罷馬、甲冑矢弩*、戟楯蔽櫓*、丘牛大車、十去其六*、故智將務食於敵、食敵一鍾、當吾二十鍾、萁秆一石、當吾二十石、

善く兵を用うる者は、役《えき》は再び籍《せき》せず、[一]糧は三《み》たびは載《さい》せず。[二]用を国に取り、糧を敵に因《よ》る。故に軍食《ぐんしょく》足るべきなり。国の師に貧なるは、遠き者に遠く輸《いた》せばなり。遠き者に遠く輸さば則ち百姓貧し。近師なるときは貴売す。貴売すれば則ち百姓は財竭《つ》く。財竭くれば則ち丘役《きゅうえき》[三]に急にして、力は中原《ちゅうげん》に屈《つ》き用は家に虚《むな》しく、百姓の費、十に其の七を去る。公家《こうか》の費、破車罷馬《はしゃひば》、甲冑《かっちゅう》弓矢、戟楯矛櫓《げきじゅんぼうろ》、丘牛大車《きゅうぎゅうだいしゃ》、十に其の六を去る。故に智将は務めて敵に食《は》む。敵の一鍾《いっしょう》を食むは、吾が二十鍾に当たり、[四]萁《き》秆一石《かんいっせき》[五]は、吾が二十石に当たる。

＊遠輪――これ以下、『通典』巻百五十六では、「遠師遠輸、遠師遠輸者、則百姓貧、」とあり、『御覧』巻三百三十二では「遠師輸」とある。竹簡本では「遠者遠輸」とあり、この四字をさらに重ねていたとみられる。今、竹簡本に従う。＊近於師者――武経本・平津本・桜田本には「於」の字が無く、『通典』『御覧』と合う。「戦場に近い所では」と解して、以下を出陣の兵士のことと見るのが通説であるが、落ちつかない。＊百姓財竭……――『御覧』では「百姓虚、虚則竭、竭則急於丘役、」とある。＊力屈財殫中原内虚於家――読み方に異説多く難解。竹簡本・武経本と『御覧』には「財殫」の二字が無い。恐らくそれがよく、「内」字は「用」の誤りであろう。力と用と対する。なお竹簡本では「屈力」となっている。＊矢弩――武経本・平津本は「矢弓」。桜田本は「弓矢」で『御覧』と合う。＊蔽櫓――武経本・平津本・桜田本では「矛櫓」。『御覧』も同じ。＊其六――古注に一本では「其七」とあるという。竹簡本と合う。

一 役は再びは……――兵士は一度徴発して出陣すると、必ずそれで勝利をかちとって、補給はしない。二 糧は三たびは……――出陣のとき食糧を運び、凱戦《がいせん》のときにまた母国から運ぶ。前後の二回のほかは運搬しない。戦争中は敵地で食糧を取る。三 丘役――丘はもと土地区劃の単位、ここでは村里の意。役は軍役。四 敵の一鍾を……――一鍾は六斛四斗《こくと》のかさ。日本の斗升の約十分の一にあたるから、今の約一二〇リットル。遠くへ運搬する間の費用や減損を考えれば、二十倍の値うちがあるという意味。五 萁秆一石――萁は豆がら、秆はわら、一石は百二十斤《きん》の重さ。二千四百粒の黍《きび》の重さを両といい、十六両が一斤。

戦争の上手な人は、〔国民〕の兵役は二度とくりかえしては徴発せず、食糧は三度と〔国からは〕運ばず、軍需品は自分の国のを使うけれども、食糧は敵地のものに依存する。だから、兵糧は十分なのである。国家が軍隊のために貧しくなるというのは、遠征のばあいに遠くに食糧を運ぶからのことで、遠征して遠くに運べば民衆は貧しくなる。近くでの戦争なら物価が高くなり、物価が高くなれば民衆の蓄《たくわ》えが無くなる。〔民衆の〕蓄えが無くなれば村から出す軍役にも苦しむことになろう。戦場では戦力が尽きて無くなり、国内の家々では財物がとぼしくなりで、民衆の生活費は十のうちの七までが減《へ》らされる。公家《おかみ》の経費も、戦車がこわれ馬はつかれ、よろいかぶとや弓矢や戟《げき》〔刃の分かれたほこ〕や楯《たて》や矛《ほこ》や櫓《おおだて》や、〔運搬のための〕大牛や大車などの入用で、十のうちの六までも減ることになる。だから、智将は〔遠征したら〕できるだけ敵の兵糧を奪って食べるようにする。敵の一鍾《いっしょう》を食べるのは身方の二十鍾分に相当し、豆がらやわら〔の馬糧〕一石《いっせき》は身方の二十石分に相当するのである。

三

故殺敵者怒也、取敵之利者貨也*、*故車戰得車十乘已上、賞其先得者、而更其旌旗、車雜而乘之、卒善而養之、是謂勝敵而益强、

故に敵を殺す者は怒《ど》なり。敵の貨を取る者は利なり。故に車戦に車十乗已上《いじょう》を得れば、其の先ず得たる者を賞し、而して其の旌旗《せいき》を更《あらた》め、車は雑《まじ》えてこれに乗らしめ、卒《そつ》は善くしてこれを養わしむ。是《こ》れを敵に勝ちて強を益《ま》すと謂《い》う。

＊利者貨也——文意からすると、「利」と「貨」とは誤倒であろう。＊故——武経本・平津本・桜田本には無い。

—其の先ず得たる者——最初に捕獲した身方の一番乗り。また最初に降参して来た敵兵と解する説もある。

そこで、敵兵を殺すのは、ふるいたった気勢によるのであるが、敵の物資を奪い取るのは実際の利益のためである。だから、車戦で車十台以上を捕獲したときには、そ

の最初に捕獲した者に賞として与え、敵の旗じるしを身方のものにとりかえたうえ、獲得した車は身方のものにたちまじって乗用させ、降参した兵卒は優遇して養わせる。これが敵に勝って強さを増すということである。

四

故兵貴勝、不貴久、故知兵之將、生民*之司命、國家安危之主也、

故に兵は勝つことを貴ぶ。久しきを貴ばず。故に兵を知るの将は、民の司命、国家安危の主なり。

＊生民――岱南本は後漢の『潜夫論《せんぷろん》』や『通典』などに従って「生」字を除く。武経本・平津本・桜田本にも無い。

以上のようなわけで、戦争は勝利を第一とするが、長びくのはよくない。以上のようなわけで、戦争〔の利害〕をわきまえた将軍は、人民の生死の運命を握るものであり、

国家の安危を決する主宰者である。

謀攻篇*

＊桜田本は「攻篇第三」。武経本・平津本は「謀攻第三」。

一　謀りごとによって攻めること、すなわち戦わずして勝つの要道をいう。

一

孫子曰、凡*用兵之法、全國爲上、破國次之、全軍爲上、破軍次之、全旅爲上、破旅次之、全卒爲上、破卒次之、全伍爲上、破伍次之、是故百戰百勝、非善之善者也、不戰而屈人之兵、善之善者也、

孫子曰《い》わく、凡そ用兵の法は、国を全《まっと》うするを上《じょう》と為《な》し、国を破るはこれに次ぐ。軍を全うするを上と為し、軍を破るはこれに次ぐ。旅《りょ》を全うするを上と為し、旅を破

るはこれに次ぐ。卒《そつ》を全うするを上と為し、卒を破るはこれに次ぐ。伍《ご》を全うするを上と為し、伍を破るはこれに次ぐ。是《こ》の故に百戦百勝は善の善なる者に非《あら》ざるなり。戦わずして人の兵を屈するは善の善なる者なり。

＊凡――平津本では「夫」とある。

一 軍は一万二千五百人の部隊、旅は五百人、卒は五百人から百人、伍は百人から五人までの軍隊編成。

孫子はいう。およそ戦争の原則としては、敵国を傷つけずにそのままで降服させるのが上策で、敵国を討ち破って屈服させるのはそれには劣る。軍団を無傷でそのまま降服させるのが上策で、軍団を討ち破って屈服させるのはそれには劣る。旅団を無傷でそのまま降服させるのが上策で、旅団を討ち破って屈服させるのはそれには劣る。大隊を無傷でそのまま降服させるのが上策で、大隊を討ち破って屈服させるのはそれには劣る。小隊を無傷でそのまま降服させるのが上策で、小隊を討ち破って屈服させるのはそれには劣る。こういうわけだから百たび戦闘して百たび勝利を得るというのは、最高にすぐれたものではない。戦闘しないで敵兵を屈服させるのが、最高にすぐれたことである。

二

故上兵伐謀、其次伐交、其次伐兵、其下*攻城、攻城之法、爲不得已*、修櫓轒轀、具器械、三月而後成*、距闉*又三月而後已*、將不勝其忿、而蟻附之、殺士*三分之一、而城不拔者、此攻之災也、故善用兵者、屈人之兵、而非戰也、拔人之城、而非攻也、毀人之國、而非久也、必以全爭於天下、故兵不頓、而利可全、此謀攻之法也、

故に上兵は謀《ぼう》を伐《う》つ。其の次ぎは交《こう》を伐つ。其の次ぎは兵を伐つ。其の下《げ》は城を攻む。攻城の法は已《や》むを得ざるが為めなり。櫓《ろ》・轒轀《ふんおん》[一]を修め、器械を具《そな》うること、三月にして後《のち》に成る。距闉《きょいん》[二]又た三月にして後《のち》に已《お》わる。将 其の忿《いきどお》りに勝《た》えずしてこれに蟻附《ぎふ》[三]すれば、士卒の三分の一を殺して而も城の抜けざるは、此れ攻の災《わざわい》なり。

故に善く兵を用うる者は、人の兵を屈するも而も戦うに非ざるなり。人の城を抜くも而も攻むるに非ざるなり。人の国を毀《やぶ》るも而も久しきに非ざるなり。必ず全《まった》きを以

て天下に争う。故に兵頓《つか》れずして利全くすべし。此れ謀攻の法なり。

＊其下――『通典』巻百六十では「下政」とあり、岱南本はそれに従うが、竹簡本は底本と合う。＊不得已――この下、桜田本には「也」字がある。＊後成――竹簡本は「後止」。＊闉――武経本・平津本・桜田本では「堙」。＊後已――竹簡本は「後然」。＊殺士――武経本・平津本・桜田本では「殺士卒」。

一 轒轀――城攻めの四輪車。中に人が入って押し進め、敵城の下まで矢石をさけてゆきつく。
二 距闉――敵城に迫るための土塁。また物見や攻撃のために盛り上げた小山。**三** 蟻附――蟻《あり》のくっつくように大勢の兵士を一度に城に迫らせること。

そこで、最上の戦争は敵の陰謀を〔その陰謀のうちに〕破ることであり、その次ぎは敵と連合国との外交関係を破ることであり、その次ぎは敵の軍を討つことであり、最もまずいのは敵の城を攻めることである。城を攻めるという方法は、〔他に手段がなくて〕やむを得ずに行なうのである。櫓《おおだて》や城攻めの四輪車を整え、攻め道具を準備するのは、三か月もかかってはじめてでき、土塁《どるい》の土盛りはさらに三か月かかってやっと終わる。将軍が〔それを待つあいだじりじりして〕その怒気をおさえきれず一度に総攻撃をかけるということになれば、兵士の三分の一を戦死させてしかも城が落ちないということもなって、こういうのが城を攻めることの害である。

それゆえ、戦争の上手な人は、敵兵を屈服させてもそれと戦闘したのではなく、敵の城を落してもそれを攻めたのではなく、敵の国を亡ぼしても長期戦によったのではない。必ず全《ぜん》すなわち無傷のままで獲得する方法で天下の勝利を争うのであって、それゆえ軍も疲弊しないで完全な利益が得られるのである。これが謀りごとで攻めることの原則である。

三

故用兵之法、十則圍之、五則攻之、倍則分之、敵則能戰之、少則能逃之、不若則能避之、故小敵之堅、大敵之擒也、

故に用兵の法は、十なれば則ちこれを囲み、五なれば則ちこれを攻め、倍すれば則ちこれを分かち、敵すれば則ち能《よ》くこれと戦い、少なければ則ち能くこれを逃れ、若《し》かざれば則ち能くこれを避く。故に小敵の堅《けん》は大敵の擒《きん》なり。

一倍すれば……――身方の軍が倍のときは、敵軍に諸方に備えさせて勢力を分散させたうえで攻める。

そこで、戦争の原則としては、〔身方の軍勢が〕十倍であれば敵軍を包囲し、五倍であれば敵軍を攻撃し、倍であれば敵軍を分裂させ、ひとしければ努力して戦い、少なければなんとか退却し、力が及ばなければうまく隠れる。〔小勢《こぜい》では大軍に当たりがたいのが常道だからである。〕だから小勢なのに強気《つよき》ばかりでいるのは、大部隊のとりこになるだけである。

四

夫將者國之輔也、輔周則國必强、輔隙則國必弱、故君之所以患於軍者三、不知軍之不可以進、而謂之進、不知軍之不可以退、而謂之退、是謂縻軍、不知三軍之事、而同*三軍之政者*、則軍士惑矣、不知三軍之權、而同*三軍之任、則軍士疑矣、三軍既*惑且疑、則諸侯之難至矣、是謂亂軍引勝、

夫《そ》れ将は国の輔《ほ》なり。輔 周《しゅう》なれば一則ち国必ず強く、輔 隙《げき》あれば則ち国必ず弱し。故に君の軍に患《うれ》うる所以《ゆえん》の者には三あり。軍の進むべからざるを知らずして、これに進めと謂《い》い、軍の退くべからざるを知らずして、これに退けと謂う。是《こ》れを軍を糜《び》す二と謂う、三軍三の事を知らずして三軍の政を同じうすれば、則ち軍士惑《まど》う。三軍の権を知らずして三軍の任を同じうすれば、則ち軍士疑う。三軍既に惑い且つ疑うときは、則ち諸侯の難至る。是れを軍を乱して勝を引く四と謂う。

＊而同――『通典』巻百四十八では二字の間に「欲」字がある。＊者――武経本・平津本・桜田本にはこの字は無い。＊三軍既――この句の上、桜田本では「是謂乱軍」の四字があり、下文の「乱軍」の二字が無い。上文の「三あり、」によって後人が改めたものであろう。

一 輔 周なれば――助け役である将軍たちの仲がよいこととともとれるが、下文との関係からすると君主との関係の親密なこととみるのがよい。二 軍を糜す――糜は繋ぐ意。軍を君主の手もとにつなぎとめて不自由にすること。三 三軍――天子は六軍、諸侯の大国は三軍で、三万七千五百人の大部隊。また軍隊の通称。ここでは後の意味。四 勝を引く――引は去るの意。身方の勝利を失うこと。

一体、将軍とは国家の助け役である。助け役が〔主君と〕親密であれば国家は必ず強くなるが、助け役が〔主君と〕すきがあるのでは国家は必ず弱くなる。そこで、国君が軍事について心配しなければならないことは三つある。〔第一には〕軍隊が進んではいけないことを知らないで進めと命令し、軍隊が退却してはいけないことを知らないで退却せよと命令する、こういうのを軍隊をひきとめるというのである。〔第二には〕軍隊の事情も知らないのに、軍事行政を〔将軍と〕一しょに行なうと、兵士たちは迷うことになる。〔第三には〕軍隊の臨機応変の処置も分からないのに軍隊の指揮を一しょに行なうと、兵士たちは疑うことになる。軍隊が迷って疑うことになれば、〔外国の〕諸侯たちが兵を挙げて攻めこんで来る、こういうのを軍隊を乱して自分から勝利をとり去るというのである。

五

故知勝有五、知可以戰、與不可以戰者勝、*識衆寡之用者勝、上下同欲者勝、以虞待不虞者勝、將能而君不御者勝、此五者知勝之道也、故曰、知彼知己者、*百戰不殆、不知

彼而知己、一勝一負、不知彼不知己、毎戦必殆、＊

故に[一]勝を知るに五あり。戦うべきと戦うべからざるとを知る者は勝つ。衆寡《しゅうか》の用を識《し》る者は勝つ。上下の欲を同じうする者は勝つ。虞《ぐ》[二]を以て不虞を待つ者は勝つ。将の能《のう》にして君の御《ぎょ》せざる者[三]は勝つ。此の五者は勝を知るの道なり。故に曰わく、彼れを知りて己《おの》れを知れば、百戦して殆《あや》うからず。彼れを知らずして己れを知れば、一勝一負す。彼れを知らず己れを知らざれば、戦う毎《ごと》に必ず殆うし。

＊可以戦与不可以戦――竹簡本では両「以」字が「而」となっている。武経本・平津本・桜田本では「可以与戦不可以与戦」とある。『御覧』巻二百七十二は底本と同じ。＊者――竹簡本・武経本・平津本・桜田本にはこの字は無い。『通典』巻百五十、『北堂書鈔』巻百十五、『御覧』巻二百七十二・巻三百二十二にもみな無い。岱南本もそれに従う。＊必殆――武経本・平津本・桜田本では「必敗」。「故曰」より以下六句、毎句押韻。己・殆・己・負・己・殆。伝承された語であろう。ただし竹簡本では「故曰」が「故兵」となっている。

一 故に――上段では負ける道理をいい、この段では勝つ道理をのべる。二 虞――度《はか》るの意。計謀のゆきとどくこと。即ち準備の十分に整った軍隊。三 君の御せざる者――御はたづなをとることで、上文の「軍を縻《び》する」をしないこと。

そこで、勝利を知るためには五つのことがある。〔第一には〕戦ってよいときと戦ってはいけないときとをわきまえていれば勝つ。〔第二には〕大軍と小勢《こぜい》とのそれぞれの用い方を知っておれば勝つ。〔第三には〕上下の人々が心を合わせていれば勝つ。〔第四には〕よく準備を整えて油断している敵に当たれば勝つ。〔第五には〕将軍が有能で主君がそれに干渉しなければ勝つ。これら五つのことが勝利を知るための方法である。だから、「敵情を知って身方の事情も知っておれば、百たび戦っても危険がなく、敵情を知らないで身方の事情を知っていれば、勝ったり負けたりし、敵情を知らず身方の事情も知らないのでは、戦うたびにきまって危険だ。」といわれるのである。

形　篇＊一

＊一　武経本・平津本では「軍形第四」。目に見えるありさまを形という。軍の形（態勢）について、自らは不敗の立場にあって敵の敗形に乗ずべきことをのべる。

一

孫子曰、昔之善戰者、先爲不可勝、以待敵之可勝、不可勝在己、可勝在敵、故善戰者＊、能爲不可勝、不能使敵之可勝＊、故曰、勝可知、而不可爲、不可勝者、守也、可勝者、攻也、守則不足、攻則有餘＊、善守者、藏於九地之下、善攻者＊、動於九天之上、故能自保而全勝也、

孫子曰《い》わく、昔の善く戦う者は、先ず勝つべからざるを為《な》して、以て敵の勝つべきを待つ。勝つべからざるは己《おの》れに在るも、勝つべきは敵に在り。故に善く戦う者は、能《よ》く勝つべからざるを為すも、敵をして勝つべからしむること能《あた》わず。故に曰わく、勝は知るべし、而して為すべからずと[一]。

勝つべからざる者は守なり。勝つべき者は攻なり。守は則ち足らざればなり[二]、攻は則ち余り有ればなり。善く守る者は九地[三]の下に蔵《かく》れ、善く攻むる者は九天の上に動く。故に能く自ら保ちて勝を全うするなり。

＊善戦者——竹簡本は「善者」。この語、竹簡では前後みな「戦」字が無かったとみられる。＊使敵之可勝——武経本・平津本・桜田本では「之」の下に「必」字がある。『通典』巻百五十二では「使敵必可勝」とあり、岱南本はそれをとる。竹簡本は「必」字も「之」字も無く、それがよい。＊守則不足、攻則有余——竹簡本では「守則有余、攻則不足」とある。＊善攻者——竹簡本ではこの三字が無い。

一 勝は知るべし……——身方の勝利はあらかじめの計謀によって目算して知り得ても、その実現は、敵の出かたによっても左右されることで、むりになしとげるわけにはいかないという意味。

二 足らざればなり——竹簡本に従うと「守れば則ち余あり、攻むれば則ち足らず」となって、「守備の態勢をとれば戦力に余裕ができ、攻撃すると戦力が不足する」の意となる。三 九地——

九は九天の九と同じ。窮極を示す。大地の最も深い底。

孫子はいう。昔の戦いに巧みであった人は、まず〔身方を固めて〕だれにもうち勝つことのできない態勢を整えたうえで、敵が〔弱点をあらわして〕だれでもがうち勝てるような態勢になるのを待った。だれにもうち勝つことのできない態勢〔を作るの〕は身方のことであるが、だれもが勝てる態勢は敵側のことである。だから、戦いに巧みな人でも、〔身方を固めて〕だれにもうち勝つことのできないようにすることはできても、敵が〔弱点をあらわして〕だれでもが勝てるような態勢にさせることはできない。そこで、「勝利は知れていても、それを必ずなしとげるわけにはいかない。」といわれるのである。

だれにもうち勝てない態勢とは守備にかかわることである。だれでもがうち勝てる態勢とは攻撃にかかわることである。守備をするのは〔戦力が〕足りないからで、攻撃をするのは十分の余裕があるからである。守備の上手な人は大地の底の底にひそみ隠れ、攻撃の上手な人は天界の上の上で行動する。〔どちらにしてもその態勢をあらわさない。〕だから身方を安全にしてしかも完全な勝利をとげることができるのである。

二

見勝不過衆人之所知、非善之善者也*、戰勝而天下曰善、非善之善者也*、故擧秋毫不爲多力、見日月不爲明目、聞雷霆不爲聰耳、古之所謂善戰者、勝於易勝者也、故善戰者之勝也、*〔無奇勝、〕無智名、無勇功、故其戰勝不忒、不忒者、其所措必勝*、勝已敗者也、故善戰者、立於不敗之地、而不失敵之敗也、是故勝兵先勝而後求戰、敗兵先戰而後求勝、

勝を見ること衆人の知る所に過ぎざるは、[一]善の善なる者に非ざるなり。戦い勝ちて天下善なりと曰うは、善の善なる者に非ざるなり。故に秋毫《しゅうごう》[二]を挙ぐるは多力と為《な》さず。日月を見るは明目《めいもく》と為さず。雷霆《らいてい》を聞くは聡耳《そうじ》と為さず。古《いにし》えの所謂《いわゆる》善く戦う者は、勝ち易きに勝つ[三]者なり。故に善く戦う者の勝つや、〔奇勝無く、〕智名も無く、勇功も無し。故に其の戦い勝ちて忒《たが》わず。忒わざる者は、其の勝を措《お》く所、已《すで》に敗《やぶ》るる者に勝てばなり。

故に善く戦う者は不敗の地〔四〕に立ち、而して敵の敗を失わざるなり。是《こ》の故に勝兵は先ず勝ちて而る後《のち》に戦いを求め、敗兵は先ず戦いて而る後に勝を求む。

＊非善之善者――竹簡本では「善之」二字が無い。下文も同じ。＊善戦者之勝也――竹簡本では「善者之戦也」とあり、この下に「無奇勝」の三字がある。＊必勝――武経本・平津本・桜田本では「必」の字が無い。今それに従う。

一 衆人の知る所に過ぎず――一般人には分からない微妙な形について目算し判断すべしということ。二 秋毫――毫は細長い毛。秋の毛は特に細い。三 勝ち易きに勝つ――一般人では見わけがつかないが、敵に敗形があって身方の勝算が十分であることを、態勢のはっきりしないうちによみとって、そこで勝利をおさめること。四 不敗の地――すなわち必勝の立場。よく事前の目算をとげ、一般人にわからぬ微妙な点をよみとって、必勝の態勢にあること。

勝利をよみとるのに一般の人々にも分かる〔ようなはっきりしたものについて知る〕ていどでは、最高にすぐれたものではない。〔まだ態勢のはっきりしないうちによみとらねばならぬ。〕戦争してうち勝って天下の人々が立派だとほめるのでは、最高にすぐれたものではない。〔無形の勝ちかたをしなければならぬ。〕だから、細い毛を持ちあげるのでは力持ちとはいえず、太陽や月が見えるというのでは目が鋭いとはいえず、雷のひびきが聞えるというのでは耳がさといとはいえない。昔の戦いに巧みといわれた人は、〔ふつうの人では見わけのつかない、〕勝ちやすい機会をとらえてそこでうち勝ったものである。だから戦いに巧みな人が勝ったばあいには、〔人目をひくような勝利はなく、〕智謀すぐれた名誉もなければ、武勇すぐれた手がらもない。そこで、彼が戦争をしてうち勝つことはまちがいがないが、そのまちがいがないというのは、彼がおさめた勝利のすべては、すでに負けている敵に勝ったものだからである。

それゆえ、戦いに巧みな人は〔身方を絶対に負けない〕不敗の立場において敵の〔態勢がくずれて〕負けるようになった機会を逃さないのである。以上のようなわけで、勝利の軍は〔開戦前に〕まず勝利を得てそれから戦争しようとするが、敗軍はまず戦争を始めてからあとで勝利を求めるものである。

三

善用兵者、*修道而保法、故能爲勝敗之政、

善く兵を用うる者は、道[一]を修めて法[二]を保つ。故に能く勝敗の政を為す。

＊善用兵者――竹簡本では「用兵」の二字が無い。

一 道――計篇の五事の第一の道。上下を同心にさせる政治。『淮南子』兵略篇「兵の勝敗はもと政に在り。政 其の民に勝ちて、下 其の上に附けば、則ち兵強し。……」 二 法――五事の第五の軍制のこと(二六ページ)。

戦争の上手な人は、〔人心を統一させるような〕政治を立派に行ない、さらに、〔軍隊編成などの〕軍制をよく守る。だから勝敗を〔自由に〕決することができるのである。

四

＊兵法、一曰度、二曰量、三曰數、四曰稱、五曰勝、地生度、度生量、量生數、數生稱、稱生勝、故勝兵若以鎰稱銖、敗兵若以銖稱鎰、

兵法[一]は、一に曰《い》わく度《たく》、二に曰わく量、三に曰わく数、四に曰わく称《しょう》、五に曰わ

く勝《しょう》。地は度を生じ、度は量を生じ、量は数を生じ、数は称を生じ、称は勝を生ず。故に勝兵は鎰《いつ》二を以て銖《しゅ》を称《はか》るが若《ごと》く、敗兵は銖を以て鎰を称るが若し。

＊兵法——竹簡本は「兵」字が無い。

一 兵法——古い兵法書の引用とみるのがふつうであるが、魏武注には「用兵之法（戦争の原則）」とあって、その意味にとるのがよい。 二 鎰・銖——重さの単位。鎰は二十両（一説には二十四両）。銖は一両の二十四分の一で百粒の黍《きび》の重さ。

戦争の原則としては〔五つの大切なことがある。〕第一には度《たく》——ものさしではかること——、第二には量《りょう》——ますめではかること——、第三には数——数えはかること——、第四には称《しょう》——くらべはかること——、第五には勝《しょう》——勝敗を考えること——である。〔戦場の〕土地について〔その広さや距離を考える〕度という問題が起こり、度の結果について〔投入すべき物量を考える〕量という問題が起こり、量の結果について〔動員すべき兵数を考える〕数という問題が起こり、数の結果について〔敵身方の能力をはかり考える〕称という問題が起こり、称の結果について〔勝敗を考える〕勝という問題が起こる。そこで、勝利の軍は〔こうした五段階を熟慮して十分の勝算を持っているから、〕重い鎰《いっ》の目方で軽い銖《しゅ》の目方に比べるよう〔に優勢〕であるが、敗軍では軽い銖の目方で重い鎰の目方に比べるよう〔に劣勢〕である。

五

勝者之戰民也、＊若決積水於千仞之谿者、形也、

勝者の民を戦わしむるや、積水を千仞《せんじん》の谿《たに》に決するが若《ごと》き者は、形《かたち》なり。

＊民也――武経本・平津本・桜田本にはこの二字が無い。竹簡本は底本と同じ、ただ「勝者」の上に「称」字がある。

一仞――深さ高さをはかる単位。七尺とする説と八尺とする説とある。今の約一・六メートル。

勝利者が〔いよいよ決戦となって〕人民を戦闘させるときは、ちょうど満々とたたえた水を千仞《せんじん》の谷底へきって落すような勢いで、そうした〔突然のはげしさへと導く〕のが形（態勢）の問題である。

勢　篇*一

*武経本・平津本では「兵勢第五」。竹簡本は底本に同じ。なお底本では、本篇より行軍篇第九までを巻中とする。

一　勢とは個人の能力をこえた総体的な軍のいきおい。前には静的な形(態勢)についてのべ、ここではその形から発動する戦いのいきおいについてのべる。

一

孫子曰、凡*治衆如治寡、分數是也、鬭衆如鬭寡、形名是也、三軍之衆、可使必受*敵而無敗者、奇正是也、兵之所加、如以碬*投卵者、虚實是也、

孫子曰《い》わく、凡《およ》そ衆《しゅう》を治むること寡《か》を治むるが如くなるは、分数《ぶんすう》一是れなり。衆を

闘《たたか》わしむること寡を闘わしむるが如くなるは、形名《けいめい》[二]是れなり。三軍の衆、畢《ことごと》く敵に受《こた》[三]えて敗なからしむべき者は、奇正《きせい》[四]是れなり。兵の加うる所、碬《たん》を以て卵に投《とう》ずるが如くなる者は、虚実《きょじつ》[五]是れなり。

＊孫子曰、凡――竹簡本では四字が無い。桜田本では「凡」の下に「用兵」の二字がある。
＊必受――竹簡本は「畢受」とある。宋の王晳注に「必は畢とあるべし、字の誤りなり」という。今それに従う。 ＊碬――孫星衍は「碬」の誤字であろうとする。

一 分数――分は軍隊の部わけ、数はその人数。軍隊編成のさだめ。 二 形名――形は目に見えるもので、旗《はた》や幟《のぼり》の類、名は声すなわち音と同じで、耳に聞える鐘や太鼓の類。いずれも戦場での指令の具。 三 受――応の意味。 四 奇正――正常な定石《じょうせき》どおりの一般的な戦法が正。いずれかといえば静的で守勢。不敗の立場を作る。情況に応じた適時の変法が奇。動的な攻勢。必勝の態勢。後述されるように、これを適切に両用していくこと。なおこれについては異説が多いが、『孫臏兵法』中に奇正篇があって、参考になる。 五 虚実――虚は空の意味で、備えが無く乗ずべきすきのあること。実はその反対。充実の意。次ぎの虚実篇に詳しい。

孫子はいう。およそ〔戦争に際して、〕大勢《おおぜい》の兵士を治めていてもまるで小人数《こにんずう》を治めているように〔整然と〕いくのは、部隊の編成がそうさせるのである。大勢の兵士を戦闘させてもまるで小人数を戦闘させているように〔整然と〕いくのは、旗や鳴り物などの指令の設備がそうさせるのである。大軍の大勢の兵士が、敵のどんな出かたにもうまく対応して、決して負けることのないようにさせることができるのは、変化に応じて処置する奇法と定石《じょうせき》どおりの正法と〔の使い分けのうまいこと〕がそうさせるのである。戦争が行なわれるといつでもまるで石を卵にぶつけるように〔たやすく敵をうちひしぐことの〕できるのは、〔充実した軍隊ですきだらけの敵をうつ〕虚実の運用がそうさせるのである。

二

凡戰者、以正合、以奇勝、故善出奇者、無窮如天地、不竭如江河、*終而復始、日月是也、*死而復生、*四時是也、*聲不過五、五聲之變、不可勝聽也、色不過五、五色之變、不可勝觀也、味不過五、五味之變、不可勝嘗也、戰勢、不過奇正、奇正之變、不可勝窮也、奇正相生、*如循環之無端、孰能窮之、*

凡そ戦いは、正を以て合い、奇を以て勝つ。故に善く奇を出《い》だす者は、窮《きわ》まり無きこと天地の如く、竭《つ》きざること江河の如し。終わりて復《ま》た始まるは、四時是れなり。死して復た生ずるは、日月是れなり。声は五に過ぎざるも、五声の変は勝《あ》げて聴くべからざるなり。色は五に過ぎざるも、五色の変は勝げて観るべからざるなり。味は五に過ぎざるも、五味の変は勝げて嘗《な》むべからざるなり。戦勢は奇正に過ぎざるも、奇正の変は勝げて窮むべからざるなり。奇正の還《めぐ》りて相い生ずることは、環《かん》の端《はし》なきが如し。孰《たれ》か能《よ》くこれを窮めんや。

＊江河――竹簡本は「河海」。武経本・平津本・桜田本では「江海」。＊日月是也、……四時是也――文義からすると「日月」と「四時」とは誤倒であろう。竹簡本ではそうなっている。＊復生――武経本・平津本・桜田本では「更生」。＊奇正相生――竹簡本では「相生」の上に「環」字あり。「還」の借字。また下句「循環」の「循」字が無い。＊窮之――この下、平津本・桜田本では「哉」字がある。以上の三点、『御覧』巻二百八十二では、みな平津本と同じ。

およそ戦闘というものは、定石《じょうせき》どおりの正法で――不敗の地に立って――敵と会戦し、情況の変化に適応した奇法でうち勝つのである。だから、うまく奇法を使う軍隊では、〔その変化は〕天地の〔動きの〕ように窮まりなく、長江や黄河の水のように尽きることがない。

終わってはまたくりかえして始まるのは四季がそれであり、暗くなってまたくりかえして明かるくなるのは日月がそれである〔が、ちょうどそれと同じである〕。音は〔その音階は宮《きゅう》・商・角・徴《ち》・羽《う》の〕五つに過ぎないが、その五音階のまじりあった変化は〔無数で〕とても聞きつくすことはできない。色は〔その原色は青・黄・赤・白・黒の〕五つに過ぎないが、その五色のまじりあった変化は〔無数で〕とても見つくすことはできない。味は〔酸・辛《しん》（からみ）・鹹《かん》（しおから）・甘・苦（にがみ）の〕五つに過ぎないが、その五味のまじりあった変化は〔無数で〕とても味わいつくすことはできない。〔それと同様に、〕戦闘の勢いは奇法と正法と〔の二つの運用〕に過ぎないが、奇法と正法とのまじりあった変化は〔無数で〕とても窮めつくせるものではない。奇法と正法とが互いに生まれ出てくる——奇中に正あり、正中に奇あり、奇から正が生まれ正から奇が生まれるという——ありさまは、丸い輪に終点がないようなものである。誰にそれが窮められようか。

三

激水*之疾、至於漂石者、勢也、鷙鳥之疾*、至於毀折者、節也、是故*善戰者、其勢險、其節短、勢如彍弩、節如發機、

激水《げきすい》の疾《はや》くして石を漂《ただよわ》すに至る者は勢《せい》なり。鷙鳥《しちょう》[一]の撃《う》ちて毀折《きせつ》に至る者は節[二]なり。是《こ》の故に善く戦う者は、其の勢は険にして其の節は短[三]なり。勢は弩《ど》[四]を彍《ひ》くが如く、節は機《き》[五]を発するが如し。

＊激水――竹簡本では「激」字が無い。＊疾――『御覧』巻二百八十二では「撃」とあり、孫星衍はそれが良いという(岱南本)。＊是故――平津本・桜田本には「是」の字が無い。『御覧』では「是以」。

一 鷙鳥――鷹や鷲のように鳥獣を襲う猛禽のこと。二 節――竹のふしの意から転じて、節度、節奏、折りめの意。いきおいづいた一連の動きの中での、それを区切るような瞬間的な動きをさす。三 短――短促、近迫の意。力をためて機会を待ち、切迫してから始めて発動すること。

四 弩――石ゆみ。五 機――石ゆみの引きがね。

せきかえった水が岩石までもおし流すほどにはげしい流れになるのが、勢《いきお》いである。猛禽がものをうちくだいてしまうほどに強い一撃をくだすのが、節《ふしめ》である。こういうわけで、戦いに巧みな人は、その勢いはけわしく〔してはげしさを増〕し、その節《ふしめ》は切迫させ〔て強さを高め〕る。勢いは石ゆみを張るときのようで、節《ふしめ》はその引きがねを引くときのようである。

紛紛紜紜、闘亂而不可亂也、渾渾沌沌、形圓而不可敗也*、

＊『通典』と『御覧』の引用では、ここの四句は軍争篇第七（第四段）の句とつづけられていて、その方が意味の通りがよい。恐らくそれが古い形かと思えるから、そちらに移して訳した（九六ページ）。竹簡本では明らかでない。　＊也——武経本・平津本にはこの字は無い。

四

亂生於治、怯生於勇、弱生於彊、治亂數也、勇怯勢也、彊弱形也、

乱は治に生じ、怯《きょう》は勇に生じ、弱は彊(強)に生ず。治乱は数なり。勇怯《ゆうきょう》は勢なり。彊弱は形なり。

混乱は整治から生まれる。おくびょうは勇敢から生まれる。軟弱は剛強から生まれる。〔これらはそれぞれに動揺しやすく、互いに移りやすいものである。そして、〕乱れるか治まるかは、部隊の編成——分数《ぶんすう》——の問題である。おくびょうになるか勇敢になるかは、戦いのいきおい——勢《せい》——の問題である。弱くなるか強くなるかは、軍の態勢——形——の問題である。〔だから、数と勢と形とに留意してこそ、治と勇と強とが得られる。〕

五

故善動敵者、形之、敵必従之、予之、敵必取之、以利動之、以卒*待之、

故に善く敵を動かす者は、これに形すれば敵必ずこれに従い、これに予《あた》うれば敵必ずこれを取る。利を以てこれを動かし、詐《さ》を以てこれを待つ。

＊卒——武経本・平津本では「本」。桜田本では「率」。「本」と「卒」とは字形が近く、古鈔本で誤りやすいが、兪樾《ゆえつ》は、意味が通じがたいとして、「卒」は「詐」の字の誤りであろうとした。軍争篇に「兵以詐立、以利動」と「詐」と「利」とを対言している(九四ページ)。

そこで、巧みに敵を誘い出すものは、敵に分かるような形を示すと敵はきっとそれについてくるし、敵に何かを与えると敵はきっとそれを取りにくる。〔つまり〕利益を見せて誘い出し、裏をかいてそれに当たるのである。

六

故善戰者、求之於勢、不責於人、故能擇人而任勢、任勢者、其戰人也＊、如轉木石、木石之性、安則靜、危則動、方則止、圓則行、故善戰人之勢、如轉圓石於千仞之山者、勢也、

故に善く戦う者は、これを勢《せい》に求めて人に責《もと》めず、故に能《よ》く人を択《えら》びて[一]勢に任ぜしむ。勢に任ずる者は、其の人を戦わしむるや木石を転ずるが如し。木石の性は、安ければ則ち静かに、危うければ則ち動き、方なれば則ち止まり、円なれば則ち行く。故に善く人を戦わしむるの勢い、円石を千仞《せんじん》の山に転ずる[二]が如くなる者は、勢なり。

＊戦人也――桜田本では「用人也」。

一 人を択びて――通説に従って読んでおくが、あるいは「択(擇)」は「斁《えき》」の借字で人を損しての意ではないかと疑われる。つまり人物のことにはこだわらないでという意味。 二 円石を……――円石は上文の「円則行、」をうけ、千仞之山は上文の「危則動、」をうけている。

そこで、戦いに巧みな人は、戦いの勢いによって勝利を得ようと求めて、人材に頼ろうとはしない。だから、うまく〔種々の長所を備えた〕人々を選び出して、勢いのままに従わせることができるのである。勢いのままにまかせる人が兵士を戦わせるありさまは、木や石をころがすようなものである。木や石の性質は、〔平坦な処に〕安置しておけば静かであるが傾斜した処では動き出し、方形であればじっとしているが、丸ければ走り出す。そこで、巧みに兵士を戦わせたその勢いは、千仞《せんじん》の高い山から丸い石をころがしたほどにもなるが、それが戦いの勢いというものである。

虚實篇*

＊武経本・平津本では「虚実第六」。また本篇より行軍第九までを巻中とする。竹簡本は「実虚」とある。

一　虚は空虚の意で、備えなくすきのあること。実は充実で十分の準備を整えること。実によって虚を伐つべきことをのべる。

一

孫子曰、凡*先處戰地、而待敵者佚、後處戰地、而趨戰者勞、故善戰者、致人而不致於人、能使敵人自至者、利之也、能使敵人不得至者、害之也、故敵佚能勞之、飽能饑之、安能動之、*

孫子曰《い》わく、凡そ先きに戦地に処《お》りて敵を待つ者は佚《いっ》し、後《おく》れて戦地に処《お》りて戦いに趨《おもむ》く者は労す。故に善く戦う者は、人を致して人に致されず。能く敵人をして自ら至らしむる者はこれを利すればなり。能く敵人をして至るを得ざらしむる者はこれを害すればなり。故に敵佚《いっ》すれば能くこれを労し、飽《あ》けば能くこれを饑《う》えしめ、安んずれば能くこれを動かす。

＊凡――竹簡本では「孫子曰凡」の四字が無い。桜田本では「凡」の下に「用兵」の二字がある。＊安能動之――竹簡本はこの四字無く、上の句末に「者」の字があって下文(次章の初め)へとつづく。「飽けば能く飢えしむる者は、其の必ず趨く所に出づればなり」となる。

一　前半、主となれば安楽、客となれば苦労することをのべて、身方を実にすべきことをいい、後半、利害を示して敵を思うままにあやつり、実なる敵を虚にすることをのべる。

孫子はいう。およそ〔戦争に際して、〕先きに戦場にいて敵の来るのを待つ軍隊は楽《らく》であるが、後から戦場について戦闘にはせつける軍隊は骨がおれる。〔これが実と虚である。〕だから、戦いに巧みな人は、〔自分が主導権を握って実に処《お》り、〕あいてを思いのままにして、あいての思いどおりにされることがない。

敵軍を自分からやって来るようにさせることができるのは、利益になることを示して誘うからである。敵軍を来られないようにさせることができるのは、害になることを示してひきとめるからである。〔つまりこちらが実であるからできる。〕だから、敵が〔よく休息をとって〕安楽でおればそれを疲労させることができ、〔兵糧が十分で〕腹いっぱいに食べていればそれを飢えさせることができ、安静に落ちついていればそれを誘い出すこともできるのである。〔つまり実の敵を虚にするのである。〕

二

出其所不趨*、趨其所不意*、行千里而不勞者*、行於無人之地也、攻而必取者、攻其所不守也、守而必固者、守其所不攻也、故善攻者、敵不知其所守、善守者、敵不知其所攻、微乎微乎、至於無形、神乎神乎、至於無聲、故能爲敵之司命*、

其の必ず趨《おもむ》く所に出《い》で、其の意《おも》わざる所に趨き、千里を行きて労《つか》れざる者は、無人の地を行けばなり。攻めて必ず取る者は、其の守らざる所を攻むればなり。守りて必

ず固《かた》き者は、其の攻めざる所を守ればなり。故に善く攻むる者には、敵 其の守る所を知らず。善く守る者には、敵 其の攻むる所を知らず。微《び》なるかな微なるかな、無形に至る。神《しん》なるかな神なるかな、無声に至る。故に能く敵の司命《しめい》を為す。[二]

＊所不趨——『御覧』巻二百七十、巻三百六では「所必趨」。岱南本はそれに従い、古い諸家の注から考えると「不趨」は誤りであろうという。竹簡本はそのとおり「所必趨」とある。敵が落ちついて静止しておれないで、必ず出てきて応戦しなければならないような所。 ＊趨其所不意——竹簡本ではこの一句は無い。 ＊不労者——竹簡本では「不畏」とある。遠い行軍にも危険がないということ。ここでは前後を底本に従って訳した。 ＊「微乎微乎」より以下、隔句押韻。形・声・命。

一 千里——遠い道のり。里は距離の単位。日本の里の約十分の一で今の約四〇〇メートル。

二 前半は敵の虚に乗ずること、後半は身方の実を積むことをのべる。

敵が必ずはせつけて来るような所に出撃し、敵の思いもよらない所に急進し、〔そのようにして〕遠い道のりを行軍しながら疲れることがないというのは、〔敵の間隙をぬって〕敵対する者のいない土地を行軍するからである。攻撃したからには必ず奪取するというのは、敵の守備していない所を攻撃するからである。守ったからには必ず堅固だというのは、敵の攻撃しない所を守るからである。そこで、攻撃の巧みな人には、敵はどこを守ったらよいのか分からず、守備の巧みな人には、敵はどこを攻めたらよいのか分からない。微妙《びみょう》、微妙、最高の境地は何の形もない。神秘、神秘、最高の境地は何の音もない。そこで敵の運命の主宰者になることができるのだ。

三

進而不可禦*者、衝其虚也、退而不可追*者、速而不可及也、故我欲戰、敵雖高壘深溝*、不得不與我戰者、攻其所必救也、我不欲戰、畫*地而守之、敵不得與我戰者、乖其所之也、

進みて禦《ふせ》ぐべからざる者は、其の虚を衝《つ》けばなり。退きて追うべからざる者は、速《すみや》かにして及ぶべからざればなり。故に我れ戦わんと欲すれば、敵　塁《るい》を高くし溝《こう》を深くすと雖《いえど》も、我れと戦わざるを得ざる者は、其の必ず救う所を攻むればなり。我れ戦いを欲《ほっ》せざれば、地を画《かく》してこれを守るも、敵　我れと戦うことを得ざる者は、其

の之《ゆ》く所に乖《そむ》けばなり。

＊不可禦――竹簡本は「不可迎」とある。「迎」は迎撃の意。＊不可追――竹簡本は「不可止」。＊雖高塁深溝――竹簡本ではこの五字が無い。＊画地――武経本・平津本・桜田本ではこの上に「雖」の字がある。

一其の之く所に乖く――敵の向かう所を誤らせる。此方に攻めて来ようとする敵に、利害の形を偽わり示して疑念を起こさせ、他方に関心をそらすようにさせること。

　こちらで進撃したばあいに敵の方でそれを防ぎ止めることのできないのは、敵のすきをついた〔進撃だ〕からである。後退したばあいに敵の方でそれを追うことのできないのは、すばやくて追いつけない〔後退だ〕からである。そこで、こちらが戦いたいと思うときには、敵がたとい土塁《どるい》を高く積み上げ堀を深く掘って〔城にこもって戦うまいとして〕も、どうしてもこちらと戦わなければならない。そのようになるのは、敵が必ず救いの手を出さねばならない所を〔こちらで〕攻撃するからである。こちらが戦いたくないと思うときには、〔土塁を積んだり堀を掘ったりして固めるまでもなく〕地面に区切りを画いて守るだけでも、敵はこちらと戦うことができない。そのようになるのは、敵の向かう所をはぐらかすからである。

四

*故形人而我無形、則我專而敵分、我專爲一、敵分爲十、是以十攻*其一也、則我衆*而敵寡、能以衆擊寡者、則吾*之所與戰者約矣、吾所與戰之地不可知、不可知、*則敵所備者多、敵所備者多、則吾所與戰者寡矣、故備前則後寡、備後則前寡、備左則右寡、備右則左寡、無所不備、則無所不寡、寡者備人者也、衆者使人備己者也、故知戰之地、知戰之日、則可千里而會戰、不知戰地、不知戰日、則左不能救右、右不能救左、前不能救後、後不能救前、而況遠者數十里、*近者數里乎、以吾度之、越人之兵雖多、亦奚益於勝*敗哉、故曰、勝可爲*也、敵雖衆、可使無鬭、

故に人を形《かたち》せしめて[一]我れに形無ければ、則ち我れは専《あつ》まりて敵は分かる。我れは専《あつ》まりて一と為《な》り敵は分かれて十と為《な》らば、是《こ》れ十を以て其の一を攻むる[二]なり。則ち我れは衆《おお》くして敵は寡《すく》なきなり。能く衆きを以て寡なきを撃てば、則ち吾が与《とも》に戦う所

の者は約[三]なり。吾が与《とも》に戦う所の地は知るべからず、知るべからざれば、則ち敵の備うる所の者多し。敵の備うる所の者多ければ、則ち吾が与に戦う所の者は寡なし。故に前に備うれば則ち後《うしろ》寡なく、後に備うれば則ち前《まえ》寡なく、左に備うれば則ち右寡なく、右に備うれば則ち左寡なく、備えざる所なければ則ち寡なからざる所なし。寡《すく》なき者は人に備うる者なればなり。衆《おお》き者は人をして己れに備えしむる者なればなり。故に戦いの地を知り戦いの日を知れば、則ち千里にして会戦すべし。戦いの地を知らず戦いの日を知らざれば、則ち左は右を救うこと能《あた》わず、右は左を救うこと能わず、前は後を救うこと能わず、後は前を救うこと能わず。而るを況《いわ》んや遠き者は数十里、近き者は数里なるをや。吾れを以てこれを度《はか》るに、越人《えつひと》[四]の兵は多しと雖も、亦《ま》た奚《なん》ぞ勝に益《えき》せんや。故に曰わく、勝は擅《ほしい》ままにすべきなりと。敵は衆《おお》しと雖も、闘《たたか》い無からしむべし。

＊故——竹簡本はこの下に「善将者」の三字がある。　＊攻——岱南本では「共」。『通典』巻百五十八でも同じ。両字は古くは通用した。竹簡本では「撃」。　＊我衆而——以下の二句、竹簡本では「衆」「寡」の二字が入れ替わっている。「我れ寡なくして敵衆きときも」と下文につづくことになる。　＊吾之——『通典』には「之」字が無く、それがよい。竹簡本にも無い。　＊不

可知——武内『考文』は、下文の「知戦之地、知戦之日、」によって、この上に「所与戦之日」の五字を補うべきだという。竹簡本では底本の三字も無い。＊数十里——桜田本では「数千里」。＊勝敗——竹簡本・武経本・平津本・桜田本には「敗」の字が無い。＊勝可為也——「為」の字、竹簡本は「擅」とある。今それに従う。

一 人を形せしめ——形は形篇の形。軍の態勢。あいてにはっきりした形をとらせて身方がそれを把握すること。「人をあらわして」と読んでもよい。徂徠では「人に形して」と読んで、あいてに偽わりの形を見せることと解する。 二 十を以て其の一を攻む——敵が分かれて十隊となれば、その一隊は身方の十分の一であるから、身方の十で敵の一を攻めることになる。 三 約——簡約、集約の意。 四 越人——越《えつ》は春秋時代の国の名。ほぼ今の浙江省にあたる地方。隣国の呉《ご》との間にはげしい興亡戦をくりかえした。上文の「吾れを以て」の「吾」を「呉」の字に改めた俗本のあるのは、そのためである。なお、『孫子』の著者とされる孫武はこの呉に仕えた。

そこで、敵にははっきりした態勢をとらせて(虚)、こちらでは態勢を隠して無形だ(実)というのであれば、こちらは〔敵の態勢に応じて〕集中するが敵は〔疑心暗鬼で〕分散する。こちらは集中して一団になり敵は分散して十隊になるというのであれば、その結果はこちらの十人で敵の一人を攻めることになる。つまりこちらは大勢《おおぜい》で敵は小《こ》勢《ぜい》である。大勢で小勢を攻撃してゆくことができるというのは、こちらの軍隊が集中しているからである。こちらが戦おうとする場所が敵には分からず、分からないとすると、敵はたくさんの備えをしなければならず、敵がたくさんの備えをすると、〔その兵力を分散することになって、〕こちらの戦いのあいては〔いつも〕小勢になる。だから、前軍に備えをすると後軍は小勢になり、後軍に備えをすると前軍が小勢になり、左軍に備えをすると右軍が小勢になり、右軍に備えをすると左軍が小勢になり、どこもかしこも備えをしようとすると、どこもかしこも小勢になる。

小勢になるのはあいてに備えをする立場だからである。大勢になるのはあいてをこちらのために備えさせる立場だからである。そこで、戦うべき場所が分かり、戦うべき時期が分かったなら、遠い道のりでも〔はせつけて主導権を失わずに〕合戦すべきである。戦うべき場所も分からず、戦うべき時期も分からないのでは、左軍は右軍を助けることができず、右軍も左軍を助けることができず、前軍は後軍を助けることができず、後軍も前軍を助けることができない。〔同じ軍団の中でもこうだから、〕ましてや遠い所では数十キロ、近い所でも数キロさきの友軍には、なおさらのことである。わたしが考えてみるのに、越《えつ》の国の兵士がいかに数多くても、とても勝利の足《た》しにはならないだろう。だから、勝利は思いのままに得られるというのである。敵はたとい大勢でも〔虚実のはたらきでそれを分散させて〕戦えないようにしてしまうのだ。

五

故策之而知得失之計、作之*而知動静之理、形之而知死生之地、角之而知有餘不足之處、

故にこれを策《はか》りて[一]得失《とくしつ》の計を知り、これを作《おこ》して動静の理を知り、これを形《あらわ》して死生の地を知り、之に角《ふ》れて[二]有余不足の処を知る。

＊作之――竹簡本は「績之」。それに従えば、「績」は迹の意に読み、これまでの敵軍の行動を調べて迹づけることとなる。

一 策りて――策は算と同じ。戦闘の前に目算すること。竹簡本では「計」とあり、計篇の計と合う。

二 角れて――角は触の意。敵軍に小部隊で当たってみること。

そこで、〔戦いの前に敵の虚実を知るためには、〕敵情を目算してみて利害損得の見

積りを知り、敵軍を刺戟して動かせてみてその行動の規準を知り、敵軍のはっきりした態勢を把握してその敗死すべき地勢と敗れない地勢とを知り、敵軍と小《こ》ぜりあいをしてみて優勢な所と手薄《てうす》な所とを知るのである。

六

故形兵之極、至於無形、無形、則深閒不能窺、智者*不能謀、因形而錯*勝於衆*、衆不能知、人皆知我所以*勝之形、而莫知吾所以制勝之形、故其戰勝不復、而應形於無窮、

故に兵を形《あらわ》すの極は、無形に至る。無形なれば、則ち深間《しんかん》も窺《うかが》うこと能わず、智者も謀《はか》ること能わず。形に因《よ》りて勝を錯《お》くも、衆は知ること能わず。人皆な我が勝の形を知るも、吾が勝を制する所以《ゆえん》の形を知ること莫《な》し。故に其の戦い勝つや復《くりかえ》さずして、形に無窮に応ず。

＊智者——岱南本は「知者」。両字は通用。　＊錯——武経本・平津本・桜田本は「措」。両字は通用。　＊於衆——武内『考文』は二字を除くべしという。古注から考えるとそれが正しい。下

の「衆」字が誤り重なったものであろう。＊所以勝――武内『考文』は「所以」の二字を除くべしとする。竹簡本にも無い。下文によって誤り加えられたものであろう。

一 深間――間は間諜。深く入りこんだスパイ。スパイについては用間篇第十二がある。 ニ 戦い勝つや復さず――勝ちかたがさまざまで、古い同じ形をくりかえさないこと。

そこで、軍の形(態勢)をとる極致は無形になることである。無形であれば深く入りこんだスパイでもかぎつけることができず、智謀すぐれた者でも考え慮ることができない。〔あいての形がよみとれると、〕その形に乗じて勝利が得られるのであるが、一般の人々にはその形を知ることができない。人々はみな身方の勝利のありさまを知っているが、身方がどのようにして勝利を決定したかというそのありさまは知らないのである。だから、その戦ってうち勝つありさまには二度とはくりかえしが無く、あいての態勢しだいに対応して窮まりがないのである。

七

夫兵形象水、水之形*、避高而趨下、兵之形*、避實而擊虛、水因地而制流*、兵因敵而制勝、故兵無常勢、水無常形*、能因敵變化而取勝者*、謂之神、故五行無常勝、四時無常位、日有短長、月有死生、

夫れ兵の形は水に象《かたど》る。水の行は高きを避けて下《ひく》きに趨《おもむ》く。兵の形は実を避けて虚を撃つ。水は地に因《よ》りて行を制し、兵は敵に因りて勝を制す。故に兵に常勢なく、常形なし。能く敵に因りて変化して勝を取る者、これを神《しん》と謂う。故に五行《ごぎょう》に常勝なく、[一]四時に常位なく、日に短長あり、月に死生あり。

＊水之形――竹簡本では「水之行」とあり、『通典』巻百五十八、『群書治要』巻三十三、『御覧』巻二百七十の引用と合う。岱南本はそれに従う。　＊兵之形――竹簡本では「兵勝」とある。
＊制流――竹簡本では「制行」。『治要』の他、引用で「行」とあるもの多し。今それに従う。
＊水無常形――竹簡本には「水」の字が無い。ここは専ら兵をいうので「水」の字の無い方がよい。　＊取勝者――桜田本には「者」の字が無い。竹簡本ではここの句は「能与敵化」とだけある。

一　五行に常勝なく――木・火・土・金・水の五つの気のめぐりは、木は土に勝ち、土は水に勝ち、水は火に勝ち、火は金に勝ち、金は木に勝って(相勝説)、一つだけで必ずすべてに勝つというも

のはない。軍の形もそれと同じだということ。

そもそも軍の形は水の形のようなものである。水の流れは高い所を避けて低い所へと走るが、〔そのように〕軍の形も敵の備えをした実の所を避けてすきのある虚の所を攻撃するのである。水は地形のままに従って流れを定めるが、〔そのように〕軍も敵情のままに従って勝利を決する。だから、軍にはきまった勢いというものがなく、またきまった形というものもない。うまく敵情のままに従って変化して勝利をかちとることのできるのが、〔はかり知れない〕神妙というものである。そこで、木・火・土・金・水の五行《ごぎょう》でも一つだけでいつでも勝つというものはなく、春・夏・秋・冬の四季にも一つだけでいつでも止まっているというものはなく、日の出る間にも長短があり、月にも満ち欠《か》けがあるのだ。

軍争篇*一

*桜田本は「争篇第七」。武経本・平津本は「軍争第七」。

一 実戦中、敵の機先を制して利益を収めるために競うことをのべる。

一

孫子曰、凡用兵之法、將受命於君、合軍聚衆、交和而舍、莫難於軍爭、軍爭之難者、以迂爲直、以患爲利、故迂其途、而誘之以利、後人發、先人至、此知迂直之計者也、*故軍爭爲利、軍爭爲危、*擧軍而爭利、則不及、委軍而爭利、則輜重捐、是故卷甲而趨、日夜不處、倍道兼行、百里而爭利、則擒三將軍、勁者先、疲者後、其法*十一而至、五十里而爭利、則蹶上將軍、其法半至、三十里而爭利、則三分之二至、*是故軍無輜重則亡、無糧食則亡、無委積則亡、

孫子曰《い》わく、凡そ用兵の法は、将《しょう》命《めい》を君より受け、軍を合し衆を聚《あつ》め、和《か》を交《まじ》えて舎《とど》まるに、軍争より難《かた》きは莫《な》し。軍争の難きは、迂《う》を以て直《ちょく》と為《な》し、患《かん》を以て利と為す。故に其の途《みち》を迂にしてこれを誘うに利を以てし、人に後《おく》れて発して人に先きんじて至る。此れ迂直の計を知る者なり。軍争は利たり、軍争は危たり。軍を挙げて利を争えば則ち及ばず、軍を委《す》てて利を争えば則ち輜重《しちょう》捐《す》てらる。〔軍に輜重なければ則ち亡《ほろ》び、糧食なければ則ち亡び、委積《いし》なければ則ち亡ぶ。〕

是《こ》の故に、甲を巻きて趨《はし》り、日夜処《お》らず、道を倍して兼行し、百里にして利を争うときは、則ち三将軍を擒《とりこ》にせらる。勁《つよ》き者は先きだち、疲《つか》るる者は後《おく》れ、其の法 十にして一至る。五十里にして利を争うときは、則ち上将軍を蹶《たお》す。其の法 半ば至る。三十里にして利を争うときは、則ち三分の二至る。〔是れを以て軍争の難きを知る。〕

＊故——竹簡本・武経本・平津本・桜田本にはこの字が無い。今それに従う。＊軍争為危——武経本・平津本・桜田本では「衆争為危」とある。集注《しっちゅう》に引く一本と合い、『通典』巻百五十四とも合うが、古くは「軍争」であったことは集注で分かる。竹簡本も「軍争」。＊其法——竹簡本はこの二字が無く、「則」とある。「其の法」とは「其の率」の意。一般的な標準をいう。

＊是故――『通典』巻百五十四には下の三句の文が無く、代わりに「以是知軍争之難」の七字がある。古い補注とみるべきであろう。また下の三句は、『通典』巻百六十では、上文の「委軍而争利、則輜重捐、」の二句と共につづけて見える。もとその二句に対する古注であったかと思われる。今『通典』の順序に従って訳した。

一 和を交え――和は軍門のこと。両軍のあい対することを交和という。二 輜重・委積――「委積」は積み貯えたものの意。唐の杜牧によると「輜重とは器械および軍士の衣裳、委積とは財貨のことだ。」という。三 甲を巻き――甲はよろい。よろいを身につけると速く走れないので、それを巻きおさめて輜重にする。

孫子はいう。およそ戦争の原則としては、将軍が主君の命令を受けてから、軍隊を統合し兵士を集めて敵と対陣して止まるまでの間で、軍争――機先を制するための争い――ほどむつかしいものはない。軍争のむつかしいのは、廻り遠い道をまっ直ぐの近道《ちかみち》にし、害のあることを利益に転ずることである。そこで、廻り遠い道をと〔って〕ゆっくりしてい〔る〕るように見せかけ、敵を利益でつって〔ぐずぐずさせ〕、あいてよりも後から出発してあいてよりも先きに行きつく、それが遠近の計《けい》――遠い道を近道に転ずるはかりごと――を知る者である。軍争は利益を収めるが、軍争はまた危険なものである。もし全軍こぞって有利な地を得ようとして競争すれば、〔大部隊では行動が敏捷にいかないから、〕あいてより遅れてしまい、もし軍の全体にはかまわずに有利な地を得ようとして競争すれば、〔重い荷物を運搬する〕輜重《しちょう》隊は捨てられることになる。〔──軍隊に輜重がなければ敗亡し、兵糧がなければ敗亡し、財貨がなければ敗亡するものだ。──〕

こういうわけで、よろいをはずして走り、昼も夜も休まずに道のりを倍にして強行軍し、百里の先きで有利な地を得ようと競争するときには、〔上軍・中軍・下軍の〕三将軍ともに捕虜にされる〔大敗となる〕。強健な兵士は先きになり、疲労した兵士は後におくれて、そのわりあいは十人のうちの一人が行きつくだけだからである。〔またこのようにして〕五十里の先きで有利な地を得ようとして競争するときには、〔先鋒《せんぽう》の〕上《じょう》将軍がひどいめにあう。そのわりあいは半分が行きつくだけだからである。〔また〕三十里の先きで有利な地を得ようとして競争するときには、三分の二が行きつくだけである。〔──以上によって、軍争のむつかしいことが分かる。──〕

二

故不知諸侯之謀者、不能預交、不知山林險阻沮澤之形者、不能行軍、不用郷導者*、不能得地利、

故に諸侯の謀《はかりごと》を知らざる者は、預《あらかじ》め交《まじ》わること能《あた》わず。山林・険阻《けんそ》・沮沢《そたく》の形を知らざる者は、軍を行《や》ること能わず。郷導《きょうどう》を用いざる者は、地の利を得ること能わず。

＊導──竹簡本・桜田本は「道」。二字は通用。

一この段は九地篇第十一（一六〇ページ）にも重複して見え、ここでは前後と続かず、また篇旨とも関係が無いから、九地篇の錯簡かと思われる。

そこで、諸侯たちの腹のうちが分からないのでは、前もって同盟することはできず、山林や険《けわ》しい地形や沼沢地などの地形が分からないのでは、軍隊を進めることはできず、その土地に詳しい案内役を使えないのでは、地形の利益を収めることはできない。

三

故兵以詐立、以利動、以分合爲變者也、故其疾如風、其徐如林、侵掠如火、不動如山、難知如陰*、動如雷震*、掠郷*分衆、廓地分利、懸權而動、先知迂直之計者勝、此軍爭之法也、

故に兵は詐《さ》を以て立ち、[一] 利を以て動き、分合を以て変を為《な》す者なり。故に其の疾《はや》きことは風の如く、其の徐《しずか》なることは林の如く、侵掠《しんりゃく》することは火の如く、知り難きことは陰の如く、動かざることは山の如く、動くことは雷の震《ふる》うが如くにして、郷を掠《かす》むるには衆を分かち、地を廓《ひろ》むるには利を分かち、権を懸《か》けて[二]而して動く。迂直《うちょく》の計を先知する者は勝つ。此れ軍争の法なり。

＊不動如山、難知如陰――『武経直解』によると張賁注本では二句の順序を改めて転倒している。武内『考文』はそれを善しとし、林・陰・震が隔句韻になるという。意味のうえからもそれがよい。竹簡本では不明。　＊雷震――岱南本は『通典』『御覧』巻二百七十に従って「雷霆」

と改める。＊掠郷──『通典』巻百六十二では「指嚮」とあり、集注に引く一本の「指向」と合う。進軍の方向を偽わり示すこと。一 兵は詐を以て立ち──計篇第一「兵とは詭道なり。」(三一ページ)の意。二 権を懸け──権ははかりの重り。それをかけるとは、ものごとをはかり考えること。

そこで、戦争は敵の裏をかくことを中心とし、利のあるところに従って行動し、分散や集合で変化の形をとっていくものである。だから、風のように迅速に進み、林のように息をひそめて待機し、火の燃えるように侵奪し、暗やみのように分かりにくくし、山のようにどっしりと落ちつき、雷鳴のようにはげしく動き、村里をかすめ取〔って兵糧を集め〕るときには兵士を手分けし、土地を〔奪って〕広げるときにはその要点を分守させ、万事についてよく見積りはかったうえで行動する。あいてに先きんじて遠近の計──遠い道を近道に転ずるはかりごと──を知るものが勝つのであって、これが軍争の原則である。

四

軍政*曰、言不相聞、故爲金鼓*、視不相見、故爲旌旗、夫金鼓旌旗者、所以一人之耳目也、人既專一、則勇者不得獨進、怯者不得獨退*、此用衆之法也、故夜戰多火鼓、晝戰多旌旗*、所以變*人之耳目也、故三*軍可奪氣、將軍可奪心、是故朝氣鋭、晝氣惰、暮氣歸、故*善用兵者、避其鋭氣、擊其惰歸、此治氣者也、以治待亂、以靜待譁、此治心者也、以近待遠、以佚待勞、以飽待飢、此治力者也、無邀*正正之旗、勿擊堂堂之陳、此治變者也、

軍政に曰わく、「言うとも相い聞こえず、故に金鼓《きんこ》を為《つく》る。視《しめ》すとも相い見えず、故に旌旗《せいき》を為る。」と。是の故に昼戦に旌旗多く、夜戦に金鼓多し。金鼓・旌旗なる者は人の耳目を一にする所以《ゆえん》なり。人既に専一なれば、則ち勇者も独り進むことを得ず、怯者《きょうしゃ》も独り退くことを得ず。〔紛紛紜紜《ふんぷんうんうん》、闘乱して乱るべからず、渾渾沌沌《こんこんとんとん》、形円《まる》くして敗るべからず。〕此れ衆を用うるの法なり。

故に三軍には気を奪うべく、将軍には心を奪うべし。是《こ》の故に朝[三]の気は鋭《えい》、昼の気は惰《だ》、暮れの気は帰《き》[四]。故に善く兵を用うる者は、其の鋭気を避けて其の惰帰を撃つ。此れ気を治む[五]る者なり。治を以て乱を待ち、静を以て譁《か》を待つ。此れ心を治むる者なり。近きを以て遠きを待ち、佚《いつ》を以て労を待ち、飽《ほう》を以て飢《き》を待つ。此れ力を治むる者なり。正々の旗を邀《むか》うること無く、堂々の陳《じん》[六]を撃つこと勿《な》し。此れ変を治むる者なり。

＊軍政――竹簡本ではこの上に「是故」の二字がある。＊為金鼓――平津本・桜田本には「為」の下に「之」の字がある。竹簡本は「為鼓金」。『通典』巻百四十九、『北堂書鈔』巻百二十、『御覧』巻二百九十七ではいずれも「為鼓鐸」とあり、岱南本はそれに従う。＊不得独退――『通典』巻百四十九、『御覧』巻二百九十七では、この下に勢篇の「紛紛紜紜、闘乱而不可乱、渾渾沌沌、形円而不可敗、」の四句(六九ページ)をつづけて引用している。勢篇では意味のつづきが悪いから、もとここにあったものと考えて文を移した。＊夜戦……旌旗――竹簡本ではこの二句は入れ替わり、なお「火鼓」を「金鼓」として、上文の「故為旌旗」の下にある。なおまた下文の「所以変人之耳目也」の一句が無い。通行本と比べて竹簡本が勝ると思えるので、今それに従う。＊変――『通典』巻百五十三では「便」とある。＊故――武経本・平津本・桜田本にはこの字が下文と共に二か所とも無い。＊邀――岱南本は『書鈔』巻百十七に従って「要」

に改めた。
一 軍政――「軍の旧典」「古えの軍書」などと注される。政は法の意で古い兵法書であろう。なお、これから以下の文は必ずしも篇旨とそぐわず、武内『考文』は次節と一括して次ぎの九変篇の錯乱であろうとする。 二 金鼓――鼓は太鼓で進撃のあいず、金はかねで後退のあいず。かねには鐸《たく》・鐲《たく》・鐃《どう》の三種があった。 三 朝の気は……――この三句は下文の「鋭気」と「惰帰」とに対する注釈として読むのがよい。 四 帰――息・蔵・終という意味があり、竭尽《つきる》の意に見るのがよい。 五 気を治む――上の「気を奪うべし、」の句を承けて、あいての気を目あてとしてそれを繰縦しうち勝つこと。下文の「心を治む」「力を治む」などの「治」も同じ用例。 六 陣――陣の字と通用する。

古い兵法書には「口で言ったのでは聞こえないから太鼓や鐘《かね》の鳴りものを備え、さし示しても見えないから旗や幟《のぼり》を備える。」とある。だからこそ、昼の戦いには旗や幟《のぼり》をたくさん使い、夜の戦いには太鼓や鐘をたくさん使うのである。鳴りものや旗の類というのは、兵士たちの耳目を統一するためのものである。兵士たちが集中統一されているからには、勇敢な者でもかってに進むことはできず、おくびょうな者でもかってに退くことはできない。〔乱れに乱れた混戦状態になっても乱されることがなく、あいまいもこで前後も分からなくなってもうち破られることがない。〕これが大部隊を働かせる方法である。

だから、〔敵の〕軍隊についてはその気力を奪い取ることができ、〔敵の〕将軍についてはその心を奪い取ることができる。そこで、——朝がたの気力は鋭く、昼ごろの気力は衰え、暮れ方の気力はつきてしまうものであるから、——戦争の上手な人は、あいての鋭い気力を避けてその衰えてしぼんだところを撃つ。それが〔敵の軍隊の気力を奪い取って〕気力についてうち勝つというものである。また治まり整った状態で混乱したあいてに当たり、冷静な状態でざわめいたあいてに当たる。それが〔敵の将軍の心を奪い取って〕心についてうち勝つというものである。また戦場の近くに居て遠くからやって来るのを待ちうけ、安楽にしていて疲労したあいてに当たり、腹いっぱいでいて飢えたあいてに当たる。それが戦力についてうち勝つというものである。またよく整備した旗ならびには戦いをしかけることをせず、堂々と充実した陣だてには攻撃をかけない。それが〔敵の変化を待ってその〕変化についてうち勝つというものである。

*故用兵之法、高陵勿向、背丘勿逆、佯北勿従、鋭卒勿攻、餌兵勿食、帰師勿遏、囲師必闕、窮寇勿迫、此用兵之法也、

* 桜田本では本篇は上段で終わり、この文は次ぎの九変篇の初めにある。「故用兵之法」「此用兵之法也」の首尾二句が無く、「必闕」が「勿周」、「勿迫」が「勿逼」とある。『武経直解』に引く張賁《ちょうほん》注もまた九変篇の錯簡であろうとし、首句を除いたうえ九変篇の「絶地無留」の一句を加えて九変の数に合わせた。

思うに、この段は変に処する法をのべたもので、上文の「治変者也、」につれてここに置かれたものであろう。従って、このまま上文とつづけて読んでもよいが、現在の九変篇の初めに問題の多いことからすると、やはりこの段をそちらにあわせて考慮する必要がある。

九變篇*一

＊一　武経本・平津本では「九変第八」。

一　変は変化、変態の意。常法にこだわらず、事変に臨んで臨機応変にとるべき九とおりの変った処置についてのべる。

孫子*曰、凡用兵之法、将受命於君、合軍聚衆、圮地無舍、衢地交合、絶地無留、圍地則謀、死地則戰、

＊　篇首のこの一段は錯乱があるとして古くから疑問とされてきた。他篇との重複があり、内容が「九変」の数に合わないことなどが主な理由である。初めの「孫子曰」から「合軍聚衆」までは、軍争篇首(八九ページ)と同じ。つづく「圮地無舍」以下五句は、「絶地無留」の他はみな九地篇第一節(一四二ページ)と重複。桜田本では「将受命於君、合軍聚衆、」二句を方格で囲み、九地篇と重なる四句を除いて代わりに軍争篇末の八句を「聚衆」と「絶地」との間に入れている。ほぼ『武経直解』の張賁《ちょうほん》の説に近く、桜田本はそれを見て改めたかと疑われる。徂徠《そらい》また張賁の

説によりつつ、なお「将受命」以下二句を軍争篇からの混入であろうとした。徂徠の「国字解」が訂正した本篇の篇首は次ぎのようで、ほぼ妥当と思われる。竹簡本は欠落部分になっていてはっきりしない。

一

孫子曰、凡用兵之法、高陵勿向、背丘勿逆、絶地勿留、佯北勿従、鋭卒勿攻、餌兵勿食、帰師勿遏、圍師必闕、窮寇勿迫、此用兵之法也、

孫子曰《い》わく、凡そ用兵の法は、高陵には向かうこと勿《な》かれ、一 背丘《はいきゅう》には逆《むか》(迎)うること勿かれ、二 絶地三 には留まること勿かれ、佯北《しょうほく》には従うこと勿かれ、鋭卒には攻むること勿かれ、餌兵《じへい》には食らうこと勿かれ、帰師には遏《とど》むること勿かれ、囲師には必ず闕《か》(欠)き、四 窮寇《きゅうこう》には迫《せま》ること勿かれ。此れ用兵の法なり。

一 高陵には……——高地の敵には投石などの利があって攻め難いからである。 二 背丘には……——丘を背にした敵には背後の心配がなく、高みから下を攻める勢いもはげしいからである。

三 絶地——路も絶えた嶮しい地勢のこと。水も薪も無い所とか、遠地とか、死絶の地などという

解釈もある。四　必ず闕き——すっかり囲んでしまわずに逃げ口を作っておくこと。

孫子はいう、およそ戦争の原則としては、高い陵《おか》にいる敵を攻めてはならず、丘《おか》を背にして攻めてくる敵は迎え撃ってはならず、嶮《けわ》しい地勢にいる敵には長く対してはならず、偽わりの誘いの退却は追いかけてはならず、鋭い気勢の敵兵には攻めかけてはならず、こちらを釣りにくる餌《えさ》の兵士には食いついてはならず、母国に帰る敵軍はひき止めてはならず、包囲した敵軍には必ず逃げ口をあけておき、進退きわまった敵をあまり追いつめてはならない。以上——常法とは違ったこの九とおりの処置をとること——が戦争の原則である。

二

塗有所不由、軍有所不撃、城有所不攻、地有所不争、君命有所不受、

塗《みち》に由《よ》らざる所あり。軍に撃たざる所あり。城に攻めざる所あり。地に争わざる所

あり。君命に受けざる所あり。」

一 徂徠は、この段は上の「九変」の説をうけて、さらにていねいに述べたものだという。「五変」ともいうべきもので、下文の「五利」に当たる。

道路は〔どこを通ってもよさそうであるが〕通ってはならない道路もある。敵軍は〔どれを撃ってもよさそうであるが〕撃ってはならない敵軍もある。城は〔どれを攻めてもよさそうであるが〕攻めてはならない城もある。土地は〔どこを奪取してもよさそうであるが〕争奪してはならない土地もある。君命は〔どれを受けてもよさそうであるが〕受けてはならない君命もある。

三

故將通於九變之地利者、*知用兵矣、將不通於九變之利者、*雖知地形、不能得地之利矣、治兵不知九變之術、*雖知五利、不能得人之用矣、

故に将　九変の利に通ずる[一]者は、用兵を知る。将　九変の利に通ぜざる者は、地形を知ると雖《いえど》も、地の利を得ること能《あた》わず。兵を治めて九変の術を知らざる者は、五利[二]を知ると雖も、人の用を得ること能わず。

＊地利――武経本・平津本・桜田本には「地」の字が無い。『書鈔』巻百十五、『御覧』巻二百七十二にも無く、岱南本はそれに従う。＊者――武経本・平津本・桜田本にはこの字が無い。『御覧』と同じ。ただし上文との対応では有るのがよい。＊之術――この下、桜田本には「者」の字がある。

一 九変の利に通ず――第一段に見える九変が損をするように見えながら実は利益のあることに精通する。二 五利――五変の利の意味で、第二段に見えた五つの処置によって得られる利益。

そこで、〔上の第一段にのべた〕九変――常道とは違った九とおりの処置――の利益によく精通した将軍こそは、軍隊の用い方をわきまえたものである。九変の利益に精通しない将軍では、たとい戦場の地形が分かっていても、その地形から得られる利益を獲得することはできない。軍を統率しながら九変のやり方を知らないのでは、たとい〔上にのべた〕五つの処置の利益が分かっていても、兵士たちを十分に働かせることはできない。

四

是故智者之慮、必雑於利害、雑於利、而務*可信也、雑於害、而患*可解也、

是《こ》の故に、智者の慮は必ず利害に雑《まじ》う。[一] 利に雑りて而《すなわ》ち務めは信《まこと》なるべきなり。[二] 害に雑りて而ち患《うれ》いは解くべきなり。

＊而務——竹簡本は「故務」。＊而患——竹簡本は「故憂患」。
一 利害に雑う——「利害を雑う、」と読んでもよい。利について害を思い、害について利を思い、もの事を両面から考えてみること。二 務めは信なるべき——なしとげようと務める事が必ずそのとおりに実現する。

こういうわけで、智者の考えというものは、〔一つの事を考えるのに〕必ず利と害とをまじえ合わせて考える。利益のある事にはその害になる面も合わせて考えるから、

仕事はきっと成功するし、害のある事にはその利点も合わせて考えるから、心配ごとも解消する。〔それでこそ九変の利益にも通ずることができるのである。〕

五

是故屈諸侯者以害、役諸侯者以業、趨諸侯者以利、

是の故に、一諸侯を屈する者は害を以てし、諸侯を役《えき》する者は業を以てし、諸侯を趨《はし》らす者は利を以てす。

一　是の故に……——上文で利害の一方だけにとらわれてはいけないと述べたのを承けて、他国の諸侯が一方的な判断におちいるようにしむける。

こうしたわけで、外国の諸侯を屈服させるにはその害になることばかりを強調し、外国の諸侯を使役するには〔どうしても手をつけたくなるような魅力的な〕事業をしむけ、外国の諸侯を奔走させるにはその利益になることばかりを強調する。

六

故用兵之法、無恃其不來、恃吾有以待也、＊無恃其不攻、恃吾有所不可攻也、

故に用兵の法は、其の来たらざるを恃《たの》むこと無く、吾れの以て待つ有ることを恃むなり。其の攻めざるを恃むこと無く、吾が攻むべからざる所あるを恃むなり。

＊也——武経本・平津本・桜田本では「之」。『御覧』巻二百七十二と同じ。『通典』巻百五十五では「有能以待之也、」と二字多い。『群書治要』では「有以能待之世、」。

そこで、戦争の原則としては、敵のやって来ないことを〔あてにして〕頼りとするのでなく、いつやって来てもよいような備えがこちらにあることを頼みとする。また敵の攻撃してこないことを〔あてにして〕頼りとするのでなく、攻撃できないような態勢がこちらにあることを頼みとするのである。

七

故將有五危*、必死可殺也*、必生可虜也、忿速可侮也、廉潔可辱也、愛民可煩也、凡此五者、將之過也、用兵之災也、覆軍殺將、必以五危、不可不察也、

故に将に五危あり。必死は殺され[一]、必生は虜《とりこ》にされ、忿速《ふんそく》[二]は侮《あなど》られ、廉潔《れんけつ》は辱《はずか》しめられ、愛民は煩《わずらわ》さる。凡そ此の五つの者は将の過《あやま》ちなり、用兵の災《わざわい》なり。軍を覆《くつがえ》し将を殺すは、必ず五危を以てす。察せざるべからざるなり。

＊五危——武内『考文』にいう、『六韜《りくとう》』論将篇に十過の説あり、孫子の五危をひらいて十過としている。危と過は古音が近いから、五危は五過の誤りであろう。下に「将之過也、」とあるのがその証拠であると。今原文のままで読む。　＊也——武経本・平津本・桜田本には無い。下の四つの「也」字も同じ。『御覧』巻二百七十二と合う。

一 殺され——以下五つの「可」は「所」と同じ。受け身の助字とみるのがよい。　二 忿速——兪《ゆ》樾《えつ》いう、忿速は古語で忿数と同じ。『大戴礼』にも「忿数なる者は獄の由りて生ずる所、」とあると。気短かのこと。

そこで、将軍にとっては五つの危険なことがある。決死の覚悟で〔かけ引きを知らないで〕いるのは殺され、生きることばかりを考えて〔勇気に欠けて〕いるのは捕虜にされ、気みじかで怒りっぽいのは侮《あなど》られて計略におちいり、利欲がなくて清廉なのは恥ずかしめられて計略におちいり、兵士を愛するのは兵士の世話で苦労をさせられる。およそこれらの五つのことは、将軍としての過失であり、戦争をするうえで害になることである。軍隊を滅亡させて将軍を戦死させるのは、必ずこの五つの危険のどれかであるから、十分に注意しなければならない。

行軍篇*一

＊ 武経本・平津本では「行軍第九」。

一 軍をおし進めることに関して、軍隊を止める場所や敵情の観察など、行軍に必要な注意をのべる。

一

孫子曰、凡處軍相敵、絕山依谷、視生處高、戰隆*無登、此處山*之軍也、絕水必遠水、客絕水而來、勿迎之於水內、令半*濟而擊之利、欲戰者*、無附於水而迎客、視生處高、無迎水流、此處水上之軍也、絕斥澤、惟亟去無留、若交軍於斥澤之中、必依水草、而背衆樹、此處斥澤之軍也、平陸處易、*而右背高、前死後生、此處平陸之軍也、凡此*四軍之利、黃帝之所以勝四帝也、

孫子曰《い》わく、凡そ軍を処《お》き敵を相《み》る[一]こと。山を絶《た》つには谷に依《よ》り[二]、生を視て[三]高きに処《お》り、隆《たか》きに戦いては登ること無かれ。此れ山に処るの軍なり。水を絶てば必ず水に遠ざかり、客 水を絶ちて来たらば、これを水の内に迎うる勿《な》く、半《なか》ば済《わた》らしめてこれを撃つは利なり。戦わんと欲《ほっ》する者は、水に附きて客を迎うること無かれ。生を視て高きに処り、水流を迎うること無かれ[四]、此れ水上に処るの軍なり。

斥沢《せきたく》[五]を絶つには、惟《た》だ亟《すみや》かに去って留まること無かれ。若し軍を斥沢の中に交《まじ》うれば、必ず水草に依りて衆樹を背《はい》にせよ。此れ斥沢に処るの軍なり。平陸には易《い》に処りて而して高きを右背にし[六]、死を前にして生を後《うしろ》にせよ。此れ平陸に処るの軍なり。

凡そ此の四軍の利は、黄帝[七]の四帝[八]に勝ちし所以《ゆえん》なり。

＊戦隆——『通典』、『御覧』では「戦降」とあり、古注に引く一本と合う。竹簡本も「戦降」。「戦うには降りて」となる。 ＊山之——『通典』巻百五十六、『御覧』巻三百六では「山谷之」とある。 ＊半済——平津本では「半渡」。『通典』巻百六十、『御覧』巻三百六と合う。 ＊欲戦者——『通典』『御覧』ともに「者」の字が無い。 ＊而——平津本・桜田本には無い。 ＊凡此——竹簡本・平津本・桜田本には「此」の字が無い。『御覧』と合う。

一 凡そ軍を処き敵を相る——一篇の内容を総括している。軍を処《お》くことはこれ以下第四段まで、敵を相《み》ることは第五段以下第八段までにのべられる。 **二** 山を絶つには……――絶は越の意。谷に沿うのは飲料と飼料の草が得られるから。 **三** 生を視て――生は高み。少しでも高い所を探しての意。後文「死を前にして生を後にす。」も同じ。死は低地。 **四** 水流を迎う……――下流に居て上流の敵に対すると、地勢も低く、水の決壊や毒物の流し込みなどの恐れもあるからである。 **五** 斥沢――沼沢地のこと。斥は『荘子』逍遥遊篇の釈文に「小沢なり、」とあり、沢と同義。湿潤でやせた土地のこと。 **六** 高きを右背にし――敵を前と左に迎えることになる。左は右よりも戦いやすいからである。 **七** 黄帝――上古の五帝の第一。名は軒轅《けんえん》。『史記』では民族の祖とされ、他に諸文化の創始者ともされる伝説上の帝王。 **八** 四帝――東方の青帝、西方の白帝、南方の赤(炎)帝、北方の黒帝をさす。黄帝は中央。竹簡本に「黄帝伐赤帝篇」があって、この四帝を伐ったことが見える。黄帝の聖戦伝説は諸書に見え、『史記』によると、多くの戦争の中で炎帝・蚩《し》尤《ゆう》・葷粥《くんいく》の三者との戦いが見える。「伐四帝」は『御覧』巻七十九の「蔣氏万機論」にも見え、別に古伝のあったことを思わせる。

孫子はいう。およそ軍隊を置く所と敵情の観察とについてのべよう。山越えをするには谷に沿《そ》って行き、高みを見つけては高地に居り、高い所で戦うときには上に居る敵にたち向かってはならない。これが山に居る軍隊についてのことである。川を渡ったなら必ずその川から遠ざかり、敵が川を渡って攻めて来たときには、それを川の中で迎え撃つことをしないで、その半分を渡らせてしまってから撃つのが有利である。戦おうとするときには、川のそばに行って敵を迎え撃ってはならない。高みを見つけては高地に居り、川の下流に居て上流からの敵に当たってはならない。これが川のほとりに居る軍隊についてのことである。

沼沢地を越えるときには、できるだけ速く通り過ぎてぐずぐずしていてはならない。もし〔やむを得ず〕沼沢地の中で戦うことになったら、必ず飲料水と飼料の草とのあるそばで森林を背後に〔して陣立てを〕せよ。これが沼沢地に居る軍隊についてのことである。平地では足場のよい平らかな所に居て、高地を背後と右手にし、低い地形を前にして高みを後《うしろ》にせよ。これが平地に居る軍隊についてのことである。

およそこうした〔山と川と沼沢と平地との〕四種の軍隊についての利益こそ、黄帝が〔東西南北〕四人の帝王にうち勝った原因である。

二

凡軍好高而悪下＊、貴陽而賤陰、養生而處實＊、軍無百疾＊、是謂必勝、丘陵隄防、必處其

陽而右背之、此兵之利、地之助也、

凡そ軍は高きを好みて下《ひく》きを悪《にく》み、陽を貴びて陰を賤《いや》しみ、生を養いて実に処《お》る。是れを必勝と謂い、軍に百疾《ひゃくしつ》なし。丘陵隄防《ていぼう》には必ず其の陽に処りて而してこれを右背にす。此れ兵の利、地の助けなり。

＊好――岱南本は、『通典』巻百五十六、『御覧』巻三百六に従って「喜」の字に改める。＊而――武経本にはこの字は無い。＊軍無百疾――竹簡本ではこの句は下の「是謂必勝」の下にある。『通典』『御覧』の引用も同じ。今それに従う。

およそ軍隊を駐《とど》めるには、高地をよしとして低地を嫌い、日当たりの良い〔東南のひらけた〕所を貴んで、日当たりの悪い所は避け、兵士の健康に留意して水や草の豊富な場所を占める。これを必勝の軍といい、軍隊に種々の疾病が起こることもない。丘陵や堤防などでは必ず日当たりのよい東南に居て、その丘陵や堤防が背後と右手になるようにする。これが戦争の利益になることで、地形の援護である。

三

上雨水沫至、欲渉者、*待其定也、

上《かみ》に雨ふりて水沫《すいまつ》至らば、渉《わた》らんと欲する者は、其の定まるを待て。[一]

＊上雨水沫……──竹簡本では「上雨水、水流至、止渉」となっている。

一『武経直解』に引く張賁注によると、この段は上文(第一段)の「水に附きて客を迎うること無かれ。」の下にあるべきだといい、徂徠もそれに賛成する。『通典』巻百六十では「此れ水上に処るの軍なり。」の下にある。

上流が雨で川があわだって流れているときは〔洪水の恐れがあるから、〕もし渡ろうとするならその流れのおちつくのを待ってからにせよ。

四

凡地有絶澗*天井天牢天羅天陥天隙、必亟去之、勿近也、吾遠之敵近之、吾迎之敵背之、

凡そ地に絶澗《ぜっかん》・天井《てんせい》・天牢・天羅・天陥《てんかん》・天隙《てんげき》あらば、必ず亟《すみや》かにこれを去りて、近づくこと勿《な》かれ。吾れはこれに遠ざかり、敵にはこれに近づかしめよ。吾れはこれを迎え、敵にはこれに背《はい》せしめよ。

＊絶澗――『通典』巻百五十九、『御覧』巻三百六の引用ではこの下に「遇」の字があり、それに従って、「絶澗の所で天井以下の五害に遇うこと」と見る説もある。

――以上を地形の「六害」とよぶ(魏武注以下)。絶澗は嶮しい絶壁にはさまれた谷間。天井は四方がそびえ中がくぼんで渓水の落ちこんでいる自然の井戸。天牢は三面が囲まれて入りこむと出られない自然の牢獄。竹簡本で「天窖」とあるのは、穴倉の意。天羅は草木が密生して行動できない自然の捕り網。天陥は地形の落ちこんだ泥沼で自然の陥し穴。天隙はほら穴のように狭まった深く長い地隙。

およそ地形に絶壁の谷間や自然の井戸や自然の牢獄や自然の捕り網や自然の陥し穴や自然の切り通しのあるときは、必ず速くそこをたち去って、近づいてはならない。こちらではそこから遠ざかって敵にはそこに近づくようにしむけ、こちらではその方に向かって敵にはそこが背後になるようにしむけよ。

五

軍行*有険阻潢井*葭葦山林*蘙薈者、必謹覆索之、此伏姦之所處*也、

軍の旁《かたわら》に険阻《けんそ》・潢井《こうせい》[一]・葭葦《かい》[二]・山林・蘙薈《えいわい》[三]ある者は、必ず謹しんでこれを覆索《ふくさく》せよ、此れ伏姦の処る所なり。

＊軍行――武経本・平津本では「軍旁」。『通典』巻百五十、『御覧』巻二百九十一、三百六と合う。桜田本では「軍傍」。　＊潢井――『通典』『御覧』では「蔣潢井生」とあり、岱南本はそれに従う。　＊葭葦山林――平津本・桜田本は「蒹葭林木」。　＊所処――武経本・平津本・桜田本には「処」の字が無い。『通典』『御覧』では「所蔵処」。岱南本はそれに従う。

一 潢井――潢はため池、井は落ちこんだ深い穴。 二 葭葦――蒹葭も同じで水草。あしとよし。
三 翳薈――草木の茂り蔽ったところ。

軍隊の近くに、けわしい地形や池や窪地《くぼち》や葦の原や山林や草木の繁茂した所があるときには、必ず慎重にくりかえして捜索せよ。これらは伏兵や偵察隊の居る場所である。

六

＊敵近而靜者、恃其險也、遠而挑戰者、欲人之進也、＊其所居易者、＊利也、衆樹動者、來也、衆草多障者、疑也、鳥起者、伏也、獸駭者、覆也、塵高而鋭者、車來也、卑而廣者、徒來也、散而條達者、樵採也、少而往來者、營軍也、

敵近くして静かなる者は其の険を恃《たの》むなり。敵遠くして戦いを挑《いど》む者は人の進むを欲するなり。其の居る所の易《い》なる者は利するなり。[一]衆樹の動く者は来たるなり。衆草

の障《おおい》(蔽)多き者は疑《ぎ》なり。二 鳥の起《た》つ者は伏なり。獣の駭《おどろ》く者は覆《ふう》なり。塵《ちり》高くして鋭き者は車の来たるなり。卑《ひく》くして広き者は徒の来たるなり。散じて条達する者は樵採《しょうさい》なり。少なくして往来する者は軍を営《いとな》むなり。

＊敵——平津本・桜田本にはこの字が無い。竹簡本と『通典』巻百五十、『御覧』巻二百九十一には有る。なお竹簡本では下文の「遠而」の上にも有る。今それに従う。＊進也——竹簡本では上句の末の「者」字が無く、ここの「也」字が「者」となっている。「敵遠而挑戦、欲人之進者」となって下文につづく。＊其所居易者——竹簡本では「其所居者易」とある。岱南本は『通典』『御覧』から考えて「其所居易」と改めている。

一 其の居る所の……——敵がことさらに平坦な地で防備なく居るのは、こちらに利益を見せて誘いをかけているのだという意。この前後、竹簡本に従うと、「敵が遠くにいて挑戦し、こちらの進撃を誘うのは、敵の場所が平坦で彼らに有利だからだ」となる。二 衆草の障……——障は障蔽、おおいかぶせ。草を結び合わせておおいかけてあるのは、伏兵のあることをこちらに疑わせる疑兵である。

敵がこちらの近くに居りながら静まりかえっているのは、その地形の険しさを頼みとしているのである。敵が遠くに居ながら合戦をしかけるのは、こちらの進撃を望んでいるのである。その陣所が〔険しい地形でなく〕平坦な所にあるのは、利益を示して誘い出そうとしているのである。多くの樹々がざわめくのは攻めて来たのである。多くの草がたくさんおおいかぶせてあるのは伏兵をこちらに疑わせるためである。鳥が飛びたつのは伏兵である。獣が驚き走るのは奇襲である。ほこりが高く上って前方のとがっているのは戦車が攻めて来るのである。低くたれて広がっているのは歩兵が攻めて来るのである。諸所に散らばって細長いのは薪《たきぎ》を取っているのである。少しのほこりであちこちと動くのは〔斥候《せっこう》の動きであって〕軍営を作ろうとしているのである。

七

辭卑而益備*者、進也、辭彊而進驅*者、退也、輕車先出居其側*者、陳也、無約而請和者、謀也、奔走而陳兵車*者、期也、半進半退*者、誘也、

辞の卑《ひ》くして備えを益《ま》す者は進むなり。辞の強くして進駆《しんく》する者は退くなり。軽車の先ず出でて其の側《かたわら》に居る者は陳《じん》するなり。約なくして和を請う者は謀なり。奔走し

て兵を陳《つら》ぬる者は期するなり。半進半退する者は誘うなり。

＊益備――竹簡本は「備益」。＊辞彊而――岱南本は『通典』巻百五十に従い、また古注から考えて「辞詭而強」と改める。竹簡本は底本に同じ。＊其側――竹簡本には「其」字が無い。＊兵車――竹簡本・武経本・平津本・桜田本には「車」の字が無い。『通典』『御覧』巻二百九十一と合う。＊半退――竹簡本には二字が無い。

一 備えを益す――魏武注に「間諜によってしらべると敵は備えを増している。」とあって、戦備を増強することと解するのが通説であるが、下句との対がよくない。進撃の戦力はないとして守備を増すように見せかけることであろう。 **二** 約なくして――諸説があるが、約を困窮の意にみるのがよい。

〔敵の軍使の〕ことばつきがへりくだっていて守備を増強しているようなのは、進撃の準備である。ことばつきが強硬で進攻してくるようなのは、退却の準備である。戦闘用の軽車を前に出して軍の両横を備えているのは、陣立てをしているのである。ゆきづまった情況もないのに講和を願ってくるのは、陰謀があるのである。いそがしく走りまわって兵士を整列させているのは、決戦の準備である。〔敵の部隊の〕半分が進み半分が退いて〔統率がとれていないようで〕あるのは、こちらに誘いをかけているのである。

八

杖而立者*、飢也、汲而先飲者、渇也、見利而不進者、勞也、鳥集者、虛也、夜呼者、恐也、軍擾者、將不重也、旌旗動者、亂也、吏怒者、倦也、粟馬肉食、軍無懸缻*、不返其舍者、窮寇也、諄諄翕翕、徐與人言者、失衆也、數賞者、窘也、數罰者、困也、先暴而後畏其衆者、不精之至也、來委謝者、欲休息也、兵怒而相迎、久而不合、又不相去*、必謹察之、

杖《つえ》つきて立つ者は飢うるなり。汲《く》みて先ず飲む者は渇《かっ》するなり。利を見て進まざる者は労《つか》るるなり。鳥の集まる者は虚《むな》しきなり。夜呼ぶ者は恐るるなり。軍の擾《みだ》るる者は将の重からざるなり。旌旗《せいき》の動く者は乱るるなり。吏の怒る者は倦《う》みたるなり。馬に粟《ぞく》して肉食し、軍に懸缻《けんふ》なくして其の舎《しゃ》に返らざる者は窮寇《きゅうこう》なり。諄諄翕翕《じゅんじゅんきゅうきゅう》として徐《おもむろ》に人と言《かた》る者は衆を失うなり。数《しばしば》賞する者は窘《くる》しむなり。

数と罰する者は困《つか》るるなり。先きに暴にして後《のち》に其の衆を畏るる者は不精の至りなり。来たりて委謝[四]する者は休息を欲するなり。兵怒りて相い迎え、久しくして合わず、又た解き去らざるは、必ず謹しみてこれを察せよ。

＊杖而立――『通典』巻百五十、『御覧』巻二百九十一では「倚杖而立」とあり、岱南本はそれに従う。桜田本は「而立」の間に「後」字がある。＊粟馬肉食、軍無懸缻――武経本・平津本・桜田本では「殺馬肉食者、軍無糧也、懸缻……」とある。『通典』『御覧』では底本と同じ。竹簡本は「懸甀」。甀《つい》は水がめ。＊不相去――桜田本では「不解去」。古注と合う。今それに従う。

一 馬に粟し……――さきざきの糧食はいらないと決して戦いの馬に糧米を食べさせ、輜重などの牛馬を殺して兵士たちに肉食させること。二 懸缻なく――缻はやきもので飯を炊く器。懸はかける。壁にかかった釜が無いとは、二度と炊かない決心でそれらをうちこわしてしまったこと。三 諄諄翕翕――諄諄は誠懇《せいこん》のさま。ねんごろにくりかえすこと。翕翕は収斂《しゅうれん》のさま。おそるおそる不安げなこと。四 委謝――委質《いし》して謝すの意で、委質は贄《にえ》(礼物)を捧げること。

〔兵士が〕杖に頼って立っているのは〔その軍が〕飢えて〔弱って〕いるのである。〔水汲みが〕水を汲んでまっ先きに飲むというのは〔その軍が〕飲料にかつえているのである。利益を認めながら進撃して来ないのは疲労しているのである。鳥がたくさん止まっているのは〔その陣所に〕人がいないのである。夜に呼び叫ぶ声がするのは〔その軍がおくびょうで〕こわがっているのである。軍営のさわがしいのは将軍に威厳がないのである。旗が動揺しているのはその備えが乱れたのである。役人が腹をたてているのは〔その軍が〕くたびれているのである。馬に兵糧米を食べさせ、兵士に肉食させ、軍のなべ釜の類はみなうちこわして、その幕舎に帰ろうともしないのは、ゆきづまっ〔て死にものぐるいになっ〕た敵である。

〔上官が〕ねんごろにおずおずともの静かに兵士たちと話しをしているのは、みんなの心が離れているのである。しきりに賞を与えているのは〔その軍の士気がふるわなくて〕困っているのである。しきりに罰しているのは〔その軍が〕つかれているのである。はじめは乱暴にあつかっておきながら後にはその兵士たち〔の離反〕を恐れるというのは、考えのゆきとどかない極みである。わざわざやって来て贈り物を捧げてあやまるというのは、しばらく軍を休めたいのである。敵軍がいきりたって向かって来ながら、しばらくしても合戦せず、また撤退もしないのは、必ず慎重に観察せよ。

九

兵非益*多也、惟*無武進、足以*併力料敵、取人而已、夫惟無慮而易敵者、必擒於人、卒未親附*而罰之、則不服、不服則難用也、卒已親附*而罰不行、則不可用也、故令之*以文、齊之以武、是謂必取、令素行以教其民、則民服、令不素行以教其民、則民不服、令素行者、*與衆相得也、

兵は多きを益ありとするに非ざるなり。惟《た》だ武進すること無く、力を併《あ》わせて敵を料《はか》らば、以て人を取るに足らんのみ。夫《そ》れ惟だ慮《おもんぱか》り無くして敵を易《あなど》る者は、必ず人に擒《とりこ》にせらる。

卒未だ親附せざるに而もこれを罰すれば、則ち服せず。服せざれば則ち用い難きなり。卒已《すで》に親附せるに而も罰行なわれざれば、則ち用うべからざるなり。故にこれを合するに文を以てし、これを斉《ととの》うるに武を以てする、是れを必取《ひっしゅ》と謂う。

令《れい》　素《もと》より行なわれて、以て其の民を教うれば則ち民服す。令　素より行なわれず

して、以て其の民を教うれば則ち民服せず。令の素より信なる者は衆と相い得るなり。

＊非益――武経本・平津本・桜田本では二字の間に「貴」の字がある。＊惟――平津本・桜田本では「雖」。＊足以――武内『考文』にいう、文義からすれば、この二字は下の「取人」の上にあるべきである、と。今それに従う。＊親附――竹簡本では「摶親」とある。親附と同意。＊令之――『考文』にいう、「令」は「合」の誤字であろう、『群書治要』巻三十三、『北堂書鈔』巻百十三には「合」とあり、『淮南子』兵略篇にも明証がある、と。竹簡本では「合」とある。＊素行者――『通典』巻百四十九では「素信著者」とあり、岱南本はそれに従う。『群書治要』巻三十三では「素信者」。「行」は「信」の誤りであろう。『考文』では上二条の「素行」をもみな「素信」と改めるが、今採らない。

一　武進――勇気にまかせて猛進すること。下の「敵をあなどる、」に当たる。

戦争は兵員が多いほどよいというものではない。ただ猛進しないようにして、わが戦力を集中して敵情を考えはかっていくなら、十分に勝利を収めることができよう。そもそもよく考えることもしないで敵を侮《あなど》っている者は、きっと敵の捕虜にされるであろう。

兵士たちがまだ〔将軍に〕親しみなついていないのに懲罰を行なうと彼らは心服せず、

心服しないと働かせにくい。〔ところがまた〕兵士たちがもう親しみなついているのに懲罰を行なわないでいると〔威令がふるわず〕彼らを働かせることはできない。だから〔軍隊では〕恩徳でなつけて刑罰で統制するのであって、これを必勝〔の軍〕というのである。

法令が平生からよく守られていて、それで兵士たちに命令するのなら兵士たちは服従するが、法令が平生からよく守られていないのに、それで兵士たちに命令するのでは兵士たちは服従しない。法令が平生から誠実なものは、民衆とぴったり心が一つになっているのである。

地形篇*

＊武経本・平津本は「地形第十」。またこれ以下を巻下とすること、底本と同じ。桜田本は下篇。なお、竹簡本ではこの篇の全体が欠落している。

一　計篇第一で「三に曰わく地、」といったその土地の形状についてのべる。

一

孫子曰、地形、有通者、有挂者、有支者、有隘者、有險者、有遠者、我可以往、彼可以來、曰通、通形者、先居高陽、利糧道以戰則利、可以往、難以返、曰挂、挂形者、敵無備、出而勝之、敵若有備、出而不勝、難以返不利、我出而不利、彼出而不利、曰支、支形者、敵雖利我、我無出也、引而去之、令敵半出而擊之利、隘形者、我先居之、必盈之以待敵、若敵先居之、盈而勿從、不盈而從之、險形者、我先居之、必居高陽以

待敵、若敵先居之、引而去之勿従也、遠形者、勢均難以挑戰、戰而不利、凡此六者、地之道也、將之至任、不可不察也、

孫子曰《い》わく、地形には、通《つう》ずる者あり、挂《さまた》ぐる者あり、支《わか》るる者あり、隘《せま》き者あり、険なる者あり、遠き者あり。

我れ以て往くべく彼れ以て来たるべきは曰《すなわ》ち通ずるなり。通ずる形には、先ず高陽に居り、糧道を利して以て戦えば、則ち利あり。以て往くべきも以て返り難きは曰ち挂《さまた》ぐるなり。挂ぐる形には、敵に備え無ければ出《い》でてこれに勝ち、敵若《も》し備え有れば出でて勝たず、以て返り難くして不利なり。我れ出でて不利、彼れも出でて不利なるは、曰ち支《わか》るるなり。支るる形には、敵 我れを利すと雖も、我れ出ずること無かれ。引きてこれを去り、敵をして半《なか》ば出でしめてこれを撃つは利なり。

隘《せま》き形には、我れ先ずこれに居れば、必ずこれを盈《み》たして以て敵を待つ。若し敵先ずこれに居り、盈つれば而《すなわ》ち従うこと勿かれ、盈たざれば而ちこれに従え。険なる形には、我れ先ずこれに居れば、必ず高陽に居りて以て敵を待つ。若し敵先ずこれに居れば、引きてこれを去りて従うこと勿かれ。遠き形には、勢い均《ひと》しければ以て戦いを

挑《いど》み難く、戦えば而ち不利なり。

凡そ此の六者は地の道なり。将の至任《しにん》にして察せざるべからざるなり。

＊挂――武経本・平津本・桜田本では「掛」。＊支――武内『考文』に「岐」の借字であろうという。分かれた枝道のこと。支持の意に見て、両軍がにらみあってささえ持つ形の土地とみるのが通説であるが、そのように両軍対峙《たいじ》の形勢を加えて考えると、次の九地篇と混合する。

一　挂ぐる者――挂は絓礙《かいがい》の意で、上の「通」の対。敵地に行くまでに、さまたげ、さわりのある土地のこと。下文にのべるように、勝たなければ敵に邪魔をされて帰って来にくいような地形。『考文』では、「挂」や「掛」は「厓」(がけ)の借字であろうかという。

孫子はいう。土地の形状には、通じ開けたのがあり、障害《しょうがい》のあるのがあり、こまかい枝道に分かれたのがあり、せまいのがあり、けわしいのがあり、遠いのがある。

こちらからも往けるし、あちらからも来れる〔ような、何の障害もない〕のは通じ開けたものである。通じ開けた地形の土地では、敵よりも先きに高みの日当たりの良い場所を占《し》めて、兵糧補給の道を絶たれぬようにして戦うと有利である。往くのはやさしいが帰るのがむつかしいのは障害のある地形である。障害のある地形では、敵に備えのないときには出ていって勝てるが、もし敵に備えのあるときには出ていっても勝てず、戻って来るのもむつかしくて不利である。こちらが出ていっても不利であるし、あちらが出て来ても不利なのは枝道にわかれたものである。枝道にわかれた地形の土地では、敵がこちらに利益のあることを見せたとしてもこちらで出ていってはならない。〔むしろ〕軍を引いてその場を去り、敵に半分ほど出て来させてから攻撃するのが、有利である。

〔両側の山がせまった細い谷間の〕せまい地形の土地では、こちらが先きにその場を占めれば、必ず兵士を集めて敵のやって来るのを待つべきである。もし敵が先きにその場を占めていれば、敵兵が集まっているときにはそこへかかって行ってはならず、敵兵の集まっていないときにはかかって行ってよい。けわしい地形の土地では、こちらが先きにその場を占めて、必ず高みの日当たりのよい所に居て敵のやって来るのを待つべきである。もし敵が先きにその場を占めていれば、軍を引いてそこをたち去り、かかって行ってはならない。両軍の陣所が遠くへだたった土地では、軍の威力がひとしいときには戦いをしかけるのはむつかしく、戦いをかければ不利である。

すべてこれら六つのことは、土地〔の形〕についての道理である。将軍の最も重大な責務として十分に考えなければならないことである。

二

故兵有走者、有弛者、有陷者、有崩者、有亂者、有北者、凡此六者、非天之災、*將之過也、夫勢均、以一擊十曰走、卒强吏弱曰弛、吏强卒弱曰陷、大吏怒而不服、遇敵懟而自戰、將不知其能、曰崩、將弱不嚴、教道不明、吏卒無常、陳兵縱橫、曰亂、將不能料敵、以少合衆、以弱擊强、兵無選鋒、曰北、凡此六者、敗之道也、將之至任、不可不察也、

故に、兵には、走る者あり、弛《ゆる》む者あり、陥《おちい》る者あり、崩《くず》るる者あり、乱るる者あり、北《に》ぐる者あり。凡そ此の六者は天の災《わざわい》に非ず、将の過《あやま》ちなり。

夫《そ》れ勢い均《ひと》しきとき、一を以て十を撃つは曰《すなわ》ち走るなり。卒の強くして吏の弱きは曰ち弛むなり。吏の強くして卒の弱きは曰ち陥るなり。大吏怒りて服せず、敵に遇えば懟《うら》みて自ら戦い、将は其の能《のう》を知らざるは、曰ち崩るるなり。将の弱くして厳なら

ず、教道も明らかならずして、吏卒は常なく、兵を陳《つら》ぬること縦横《しょうおう》一なるは、曰ち乱るるなり。将 敵を料《はか》ること能《あた》わず、少を以て衆に合い、弱を以て強を撃ち、兵に選鋒《せんぽう》二なきは、曰ち北《に》ぐるなり。

凡そ此の六者は敗の道なり。将の至任にして察せざるべからざるなり。

＊天之災――武経本では「天地之災」。

一 縦横――たてと横。秩序の無いこと。 二 選鋒――先き手に立てる選びすぐった武勇の兵士。

そこで、軍隊には、逃亡するのがあり、ゆるむのがあり、落ちこむのがあり、崩《くず》れるのがあり、乱れるのがあり、負けて逃げるのがある。すべてこれら六つのことは、自然の災害ではなくて、将軍たる者の過失によるのである。

そもそも軍の威力がどちらもひとしいときに十倍も多い敵を攻撃させるのは、〔戦うまでもなく〕身方の兵を逃げ散らせることである。兵士たちの実力が強くてとりしまる軍吏の弱いのは、軍をゆるませることである。とりしまりの軍吏が強くて兵士の弱いのは、軍を落ちこませることである。軍吏の長官が怒って〔将軍の命令に〕服従せず、敵に遭遇しても怨み心を抱いて自分かってな戦いをし、将軍はまた彼の能力を知らないというのは、軍をつきくずすことである。将軍が軟弱《なんじゃく》で厳しさがなく、軍令もはっきりしないで、軍吏や兵士たちにもきまりがなく、陣立てもでたらめなのは、乱れさせることである。将軍が敵情を考えはかることができず、小勢《こぜい》で大勢の敵と合戦し、弱勢で強い敵を攻撃して、軍隊の先鋒《せんぽう》に選びすぐった勇士もいないのは、負けて逃げさせることである。

すべてこれら六つのことは、敗北〔の情況〕についての道理である。将軍の最も重大な責務として十分に考えなければならないことである。

三

夫地形者、兵之助也、料敵制勝、計險阨遠近、*上將之道也、知此而用戰者必勝、不知此而用戰者必敗、故戰道必勝、主曰無戰、必戰可也、戰道不勝、主曰必戰、無戰可也、故進不求名、退不避罪、唯人是保、*而利合於主、*國之寶也、

夫れ地形は兵の助けなり。敵を料《はか》って勝を制し、険夷《けんい》・遠近を計るは、上将の道な

り。此れを知りて戦いを用《おこ》なう者は必ず勝ち、此れを知らずして戦いを用なう者は必ず敗る。

故に戦道必ず勝たば、〓主は戦う無かれと曰うとも必ず戦いて可《か》なり。戦道勝たずんば、主は必ず戦えと曰《い》うとも戦う無くして可なり。故に進んで名を求めず、退いて罪を避けず、唯《た》だ民を是れ保ちて而して利の主に合うは、国の宝なり。

＊険阨——『通典』巻百五十、『御覧』巻二百九十ではともに「険易」とある。武内『考文』にいう、「阨」は「夷」の字の誤り。両字は古字の形が似て誤りやすい。夷は易と同意と。計篇にも「遠近険易」の語がある。＊人——岱南本・平津本・桜田本ではみな「民」とある。「人」は唐の諱《いみな》をさけた改字であろう。『淮南子』兵略篇もまた「民」。＊合——武経本・平津本・桜田本にはこの字は無い。『淮南子』にはある。

一 兵の助け——戦争の補助手段。この段は、上述の地形が万事を決するのではなく、それを利用する将軍こそが大切なことをのべる。〓 戦道必ず勝たば——戦道は戦いの道理。地形を考え敵情をはかって、合戦の道理としてこちらに十分の勝ちめありと将軍が判断したばあいは、という意味。

そもそも土地のありさまというものは、戦争のための補助である。敵情をはかり考えて勝算をたて、土地がけわしいか平坦か遠いか近いかを検討〔してそれに応じた作戦を〕するのが、総大将の仕事である。こういうことをわきまえて戦いをする者は必ず勝つが、こういうことをわきまえないで戦いをする者は必ず負ける。

そこで、合戦の道理としてこちらに十分の勝ちめのあるときは、主君が戦ってはならないといっても、むりにおしきって戦うのが宜しく、〔逆に〕合戦の道理として勝てないときは、主君がぜひとも戦えといっても、戦わないのが宜しい。だから、功名を求めないで〔進むべきときに〕進み、罪にふれることをも恐れないで〔退くべきときに〕退いて、ひたすら人民を大切にしたうえで、主君の利益にも合うという将軍は、国家の宝である。

四

視卒如嬰兒、故可與之赴深谿、視卒如愛子、故可與之倶死、厚而不能使、愛而不能令*、亂而不能治、譬若*驕子*、不可用也、

卒を視ること嬰児《えいじ》の如し、故にこれと深谿《しんけい》に赴《おもむ》くべし。卒を視ること愛子の如し、故にこれと倶《とも》に死すべし。厚くして使うこと能《あた》わず、愛して令すること能わず、乱れて治むること能わざれば、譬《たと》えば驕子《きょうし》の若《ごと》く、用うべからざるなり。

＊厚而……不能令——武経本・平津本・桜田本では二句が転倒している。『通典』巻百四十九、『御覧』巻二百八十、『群書治要』巻三十三は、いずれもこの順序。＊若——武経本・平津本・桜田本では「如」。＊武内『考文』にいう、児《げい》・谿《けい》押韻、子・使・治・子押韻。

〔将軍が兵士を治めていくのに、〕兵士たちを赤んぼうのように見て〔万事に気をつけていたわって〕いくと、それによって兵士たちといっしょに深い谷底(危険な土地)にも行けるようになる。兵士たちをかわいいわが子のように見て〔深い愛情で接して〕いくと、それによって兵士たちと生死をともにできるようになる。〔だが、愛していたわるのはよいとして、〕もし手厚くするだけで仕事をさせることができず、かわいがるばかりで命令することもできず、でたらめをしていてもそれを止めることもできないのでは、たとえてみれば驕《おご》り高ぶった子供のようなもので、ものの用にはたたない。

五

知吾卒之可以擊、而不知敵之不可擊、勝之半也、知敵之可擊、而不知吾卒之不可以擊、勝之半也、知敵之可擊、知吾卒之可以擊、而不知地形之不可以戰、勝之半也、故知兵者、動而不迷、擧而不窮*、故曰、知彼知己、勝乃不殆、知天知地*、勝乃不窮*、

吾が卒の以て撃つべき[一]を知るも、而《しか》も敵の撃つべからざる[二]を知らざるは、勝の半《なか》ばなり。敵の撃つべきを知るも、而も吾が卒の以て撃つべからざるを知らざるは、勝の半ばなり。敵の撃つべきを知り吾が卒の以て撃つべきを知るも、而も地形の以て戦うべからざるを知らざるは、勝の半ばなり。

故に兵を知る者は、動いて迷わず、挙げて窮せず。故に曰わく、彼れを知りて己れを知れば、勝 乃《すなわ》ち殆《あや》うからず。[三] 地を知りて天[四]を知れば、勝 乃ち全《まっと》うすべし。

＊而不窮――『通典』巻百五十、『御覧』巻二百九十では「而不頓」とある。疲れずの意味。古注に引く一本と合う。 ＊知天知地――『御覧』巻三百二十二では「知地知天」とある。『通典』

も注から考えて同じであったと見られ、岱南本はそれに従って改正する。武内『考文』もまたいう、『群書治要』巻三十三(書陵部巻子本)も「天」が下で、「故曰」以下は己と殆、天と全とが韻をふんでいると。＊乃不窮——武経本・平津本・桜田本は「乃可全」。『通典』『治要』『御覧』と合い、意味のうえで上文「勝之半」と対して、「天」と韻をふむ。

一 吾が卒の以て撃つべき——身方の兵士がよく訓練され、上下同心で敵を攻撃するのに十分の力があること。**二** 敵の撃つべからざる——敵の方に十分の備えがあって攻撃をかければ不利だということ。ここの文でのべることは、謀攻篇第三の第五段「彼れを知らずして己れを知れば、一勝一負す。」に当たる(五二ページ)。**三** 彼れを知り……——同じく謀攻篇「故に曰わく、彼れを知りて己れを知れば、百戦して殆《あや》うからず。」**四** 天——計篇第一の「五事」の天を参照(二六ページ)。

身方の兵士に敵を攻撃して勝利を収める力のあることは分かっても、敵の方に〔備えがあって〕攻撃してはならない情況もあることを知っていなければ、必ず勝つとは限らない。敵に〔すきがあって〕攻撃できる情況があることは分かっても、身方の兵士が攻撃をかけるのに十分でないことが分かっていなければ、必ず勝つとは限らない。敵に〔すきがあって〕攻撃できることが分かり、身方の兵士にも敵を攻撃する力のあることは分かっても、土地のありさまが戦ってはならない情況であることを知るのでなければ、必ず勝つとは限らない。

だから戦争のことに通じた人は、〔敵のことも、身方のことも、土地のありさまも、よく分かったうえで行動を起こすから、〕軍を動かして迷いがなく、合戦しても苦しむことがない。だから、「敵情を知って身方の事情も知っておれば、そこで勝利にゆるぎが無く、土地のことを知って自然界のめぐりのことも知っておれば、そこでいつでも勝てる。」といわれるのである。

九地篇*一

*武経本・平津本は「九地第十一」。

一　九とおりの土地の形勢とそれに応じた対処についてのべる。

一

孫子曰、用兵之法、*有散地、有輕地、有爭地、有交地、有衢地、有重地、有圮地、*有圍地、有死地、諸侯自戰其地、*爲散地、入人之地而不深者、爲輕地、我得則利、*彼得亦利者、爲爭地、我可以往、彼可以來者、爲交地、諸侯之地三屬、*先至而得天下之衆者、爲衢地、入人之地深、背城邑多者、爲重地、行山林險阻沮澤、*凡難行之道者、爲圮地、所由入者隘、所從歸者迂、彼寡可以擊吾之衆者、爲圍地、疾戰則存、不疾戰則亡者、爲死地、是故散地則無戰、輕地則無止、爭地則無攻、交地則無絕、衢地則合交、

重地則掠、圮地則行、圍地則謀、死地則戰、

孫子曰《い》わく、用兵の法には、散地[一]あり、軽地[二]あり、争地あり、交地あり、衢《く》地《ち》あり、重地あり、圮《ひ》地《ち》[三]あり、囲地あり、死地あり。

諸侯自ら其の地に戦う者を、散地と為す。人の地に入りて深からざる者を、軽地と為す。我れ得るも亦た利、彼れ得るも亦た利なる者を、争地と為す。我れ以て往くべく、彼れ以て来たるべき者を、交地と為す。[四]諸侯の地四属し、先ず至って天下の衆を得る者を、衢《く》地《ち》と為す。人の地に入ること深く、城邑《じょうゆう》に背《そむ》くこと多き者を、重地と為す。山林・険阻・沮《そ》沢《たく》を行き、凡そ行き難きの道なる者を、圮《ひ》地《ち》と為す。由《よ》りて入る所のもの隘《せま》く、従って帰る所のもの迂《う》にして、彼れ寡にして以て吾れの衆を撃つべき者を、囲地と為す。疾戦《しっせん》すれば則ち存し、疾戦せざれば則ち亡《ほろ》ぶ者を、死地と為す。

是《こ》の故に、散地には則ち戦うこと無く、軽地には則ち止まること無く、争地には則ち攻むること無く、交地には則ち絶つこと無く、衢地には則ち交を合わせ、重地には則ち掠《かす》め、圮地には則ち行き、囲地には則ち謀り、死地には則ち戦う。

＊用兵之法――『通典』巻百五十九では「之法」の二字が無い。桜田本には四字の上に「凡」

の字がある。　＊圮地――竹簡本では「泛地」とある。浮いて不安定の意。　＊其地――この下、竹簡本・武経本・平津本・桜田本には「者」の字がある。今それを補う。　＊我得則――「則」は武経本・平津本・桜田本では「亦」とある。今それに従う。　＊三属――武内『考文』にいう、『説文』『爾雅』ともに「四達を衢《く》という。」とあり、「三」と「四」とは古字で誤りやすいから「四属」の誤りであろうと。　＊行――武経本・平津本・桜田本にはこの字は無いが、竹簡本には有る。

一 散地――身方の軍隊が離散しやすい土地。自国内で戦うと、兵士たちは家郷を慕って逃げ散ってしまう。　**二** 軽地――兵士の心が浮わついて戦意の固まりにくい土地。　**三** 圮地――圮は毀の意味。くずれこわれた土地のことから意味をひろげて、すべて軍の行動の困難な情況の土地をいう。

四 我れ以て……交地と為す――これは地形篇第十第一段（一三〇ページ）の「通ずる者」と同じ表現であるが、「通」は平坦で妨げのない地形についていい、これは軍の情況についていう。

孫子はいう。戦争の原則としては、散地（軍の逃げ散る土地）があり、軽地（軍の浮きたつ土地）があり、争地（敵と奪いあう土地）があり、交地（往来の便利な土地）があり、衢《く》地《ち》（四通八達の中心地）があり、重地（重要な土地）があり、圮《ひ》地《ち》（軍を進めにくい土地）があり、囲地（囲まれた土地）があり、死地（死すべき土地）がある。

諸侯が自分の国土の中で戦うというのが散地である。敵の土地に入ってまだ遠くないというのが軽地である。身方が取ったら身方に有利、敵が取ったら敵に有利というのが、争地である。こちらが〔往こうと思えば〕往けるし、あちらも〔来ようと思えば〕来れるというのが、交地である。諸侯の国々が四方につづいていて、先きにそこにゆきつけば〔その諸侯の助けを得て〕天下万民の支援も得られるというのが、衢《く》地《ち》である。敵の土地に深く入りこんですでに敵の城や村をたくさん背后に持っているというのが、重地である。山林やけわしい地形や沼沢地などを通っていて、およそ軍をおし進めるのにむつかしい道なのが、圮《ひ》地《ち》である。通って入っていく道はせまく、ひきかえして戻る道はまがりくねって遠く、敵が小勢《こぜい》でもわが大軍を攻撃できるというのが、囲地である。力のかぎり戦えば免《まぬか》れるが、力のかぎり戦わなければ滅亡するというのが、死地である。

こういうわけで、散地ならば戦ってはならず、軽地ならばぐずぐず止まってはならず、争地ならば〔先きに奪い取れなかったときは〕攻撃してはならず、交地ならば〔寸断されないために〕隊列を切り離してはならず、衢地ならば諸侯たちと外交を結び、重地ならば〔食糧を得るために〕掠奪《りゃくだつ》し、圮地ならば〔ぐずぐずせずに〕通り過ぎ、囲地ならば奇謀をめぐらし、死地ならば激戦すべきである。

二

所謂*古之善用兵者、能使敵人前後不相及、衆寡不相恃、貴賤不相救、上下不相收、*卒離而不集、兵合而不齊、合於利而動、不合於利而止、

所謂《いわゆる》古えの善く兵を用うる者は、能く敵人をして前後相い及ばず、衆寡相い恃《たの》まず、貴賤相い救わず、上下相い扶《たす》けず、卒離れて集まらず、兵合《がっ》して斉《ととの》わざらしむ。利に合えば而《すなわ》ち動き、利に合わざれば而ち止まる。

＊所謂——平津本・桜田本には二字が無く、『通典』巻百五十三、『御覧』巻二百九十四にも無いが、竹簡本は底本と同じ。＊収——『通典』『御覧』ともに「扶」とある。岱南本はそれに従う。

むかしの戦争の上手な人というものは、敵軍に前軍と後軍との連絡ができないよう

にさせ、大部隊と小部隊とが助けあえないようにさせ、身分の高い者と低い者とが互いに救いあわず、上下の者が互いに助けあわないようにさせ、兵士たちが離散して集合せず、集合しても整わないようにさせた。〔こうして〕身方に有利な情況になれば行動を起こし、有利にならなければまたの機会を待ったのである。

三

敢問、敵衆整而將來、待之若何、曰、先奪其所愛則聽矣、兵之情主速、乘人之不及、由不虞之道、攻其所不戒也、

敢えて問う、敵 衆整にして将《まさ》に来たらんとす。これを待つこと若何《いかん》。曰わく、先ず其の愛する所を奪わば、則ち聴かん。兵の情は速《そく》を主とす。人の及ばざるに乗じて不虞《ふぐ》の道に由《よ》り、其の戒めざる所を攻むるなりと。

おたずねしたいが、敵が秩序だった大軍でこちらを攻めようとしているときには、

どのようにしてそれに対処したらよかろうか。答え。あいてに先きんじて敵の大切にしているものを奪取すれば、敵はこちらの思いどおりになるであろう。戦争の実情は迅速が第一。敵の配備がまだ終らない隙《すき》をついて思いがけない方法を使い、敵が警戒していない所を攻撃することである。

四

凡爲客之道、深入則專、主人不克、掠於饒野、三軍足食、謹養*而勿勞、併*氣積力、運兵計謀、爲不可測、投之無所往、死且不北、死焉不得、士人盡力*、兵士甚陷則不懼、無所往則固、深入*則拘、不得已則鬭、是故其兵不修而戒、不求而得、不約而親、不令而信、禁祥去疑、至死無所之*、吾士無餘財、非惡貨也、無餘命、非惡壽也、令發之日、士卒坐者、涕霑襟、偃臥者、涕交頤、投之無所往者*、諸劌之勇也、

凡そ客たるの道、深く入れば則ち専らにして主人克《か》たず。饒野《じょうや》に掠《かす》むれば三軍も食に足る。謹《つと》(勤)め養いて労すること勿《な》く、気を併《あ》わせ力を積み、兵を運《めぐ》らして計謀し、

測《はか》るべからざるを為し、〔しかる後に〕これを往く所なきに投ずれば[二]、死すとも且《は》た北《に》げず。死焉《いずく》んぞ得ざらん、士人　力を尽す。兵士は甚だしく陥《おちい》れば則ち懼《おそ》れず、往く所なければ則ち固く、深く入れば則ち拘《こう》し、已《や》むを得ざれば則ち闘《たたか》う。是《こ》の故に其の兵、修めずして戒め、求めずして得《え》、約せずして親しみ、令せずして信なり。祥《しょう》を禁じ疑いを去らば、死に至るまで之《ゆ》く所なし。吾が士に余財なきも貨を悪《にく》むには非ざるなり。余命なきも寿を悪むには非ざるなり。令の発するの日、士卒の坐する者は涕《なみだ》　襟《えり》を霑《うるお》し、偃臥《えんが》する者は涕　頤《あご》に交《まじ》わる。これを往く所なきに投ずれば、諸《しょ》・劌《かい》の勇[三]なり。

＊謹養――武内『考文』にいう、「謹」は「勤」の借字であろう、張預注に「勤撫」とあるのがよいと。＊併――竹簡本・武経本・平津本・桜田本では「幷」。通用。＊死焉不得、士人尽力――諸解いずれも順当でない。『考文』は杜牧注によって二句を誤倒とし、「死」は「勝」の字の誤りであろうとする。今しばらく原文のままとする。＊深入――武経本・平津本・桜田本では「入深」。＊無所之――この段のはじめからここまでは押韻の文。克・食・力・測・北・得・力」懼・固」拘・闘」戒・得」親・信」疑・之」＊者――武経本・平津本・桜田本にはこの字は無い。竹簡本には有る。則と同意。

一　客たるの道――下の「主人」に対していう。敵国に攻めこんだ軍にとっての方法。二　往く所なきに投ず――敵と戦うよりほかにどこへも行きばのない情況の中に投げ入れる。 三 諸・劌の勇――諸は専諸のこと。呉の公子光のために呉王の僚を刺殺した（『左伝』昭公二十七年）。劌は曹劌のこと。魯の荘公に仕え短刀で大国斉の桓公をおびやかした（『管子』大匡篇）。両人とも春秋時代の勇者として有名であった。曹劌は曹沫ともいう。

およそ敵国に進撃したばあいのやり方としては、深くその国内に入〔りこんで重地を占め〕れば身方は団結し、あいては〔散地となって〕対抗できず、それで物資の豊かな地方を掠奪すれば軍隊の食糧も十分になる。そこでよく兵士たちを保養して疲れさせないようにし、士気を高め戦力をたくわえ、軍を動かして策謀をめぐらし、〔その態勢を敵からは〕はかり知れないようにして、〔さてそのうえで、〕軍をどこへも行き場のない情況の中に投入すれば、死んでも敗走することがない。決死の覚悟がどうして得られないことがあろう。士卒ともに力いっぱいに戦うのだ。

兵士はあまりにも危険な立場におちこんだ時にはそれを恐れず、行き場がなくなった時には心も固まり、深く入りこんだ時には団結し、戦わないではおれなくなった時には戦う。だから、そういう〔苦難におちこんだ〕軍隊は〔指揮官が〕整えなくともよく戒慎し、求めなくとも力戦し、拘束《こうそく》せずとも親しみあい、法令を定めなくとも誠実である。〔そしてそういう軍隊に起こりがちな〕あやしげな占いごとを禁止して疑惑のないようにすれば、死ぬまで心を外に移すことがない。わが兵士たちに余った財物が無く〔みな焼却〕するのは物資を嫌ってそうするのではない。残った生命を投げ出すのは長生きを嫌ってそうするのではない。〔やむにやまれず決戦するためである。〕

決戦の命令が発せられた日には、士卒〔はみな非憤忼慨《ひふんこうがい》して、そ〕の坐っている者は涙で襟《えり》をうるおし、横に臥《ふせ》っている者は涙で顔じゅうをぬらすが、こういう士卒をほかに行き場のない情況の中に投入すれば、みな〔あの有名な〕専諸《せんしょ》や曹劌《そうかい》のように勇敢になるのである。

五

故善用兵者、譬如率然、率然者常山之蛇也、撃其首則尾至、撃其尾則首至、撃其中則首尾倶至、敢問、*兵可使如率然乎、曰、*可、夫呉人與越人相惡也、當其同舟而*濟遇風、其相救也、如左右手、是故方*馬埋輪、未足恃也、齊勇若一、政之道也、剛柔皆得、地

之理也、故善用兵者、攜手若使、一人*不得已也、

故に善く兵を用うる者は、譬《たと》えば率然《そつぜん》[一]の如し。率然とは常山[二]の蛇なり。其の首《しゅ》を撃てば則ち尾至り、其の尾を撃てば則ち首至り、其の中を撃てば則ち首尾倶《とも》に至る。敢えて問う、兵は率然の如くならしむべきか。曰わく可《か》なり。夫《そ》れ呉人《ごひと》と越人《えつひと》との相い悪《にく》むや、其の舟を同じくして済《わた》りて風に遇うに当たりては、其の相い救うや左右の手の如し。是《こ》の故に馬を方《つな》ぎて輪を埋むるとも、未だ恃《たの》むに足らざるなり[三]。勇を斉《ととの》えて一の若《ごと》くにするは[四]政の道なり。剛柔皆な得るは地の理なり。故に善く兵を用うる者、手を攜《たずさ》うるが若くにして一なるは、人をして已《や》むを得ざらしむるなり。

＊兵——竹簡本・武経本・平津本・桜田本にはこの字が無い。　＊可——この下、桜田本には「矣」字がある。　＊而済——武経本・平津本・桜田本では「済而」。竹簡本は底本に同じ。
＊方馬——魏武注以下、方馬を繫馬と解するのが古注であるが、方に繫という訓はない。馬を車からはずして方形につなぐことであろう。　＊攜手若使一人——『考文』は「使」と「一」とを誤倒と見る。『武経総要』巻一では「如攜手而使人人不得已也、」とあり、それからすると、「若攜手而一、使人不得已也、」とあったかと思われる。

一 率然——にわかに、急にの意であるが、ここでは蛇の名。蛇の動きのすばやいことから名づけ

たのであろう。 二 常山——今の河北省曲陽県西北にある山の名。五嶽の一つ、北嶽恒山のこと。 三 馬を方ぎ……恃むに足らず——方馬埋輪は軍を動かさないことで、陣固めをすること。そのようにして固めても、「往く所無く、」「已むを得ざる」ものの専固には及ばないという意味。 四 勇を斉えて……——おくびょうな者も勇敢に戦うようにしむけて軍隊を一斉に勇敢にすること。

そこで、戦争の上手な人は、たとえば率然《そつぜん》のようなものである。率然というのは常山にいる蛇のことである。その頭を撃つと尾が助けに来るし、その尾を撃つと頭が助けに来るし、その腹を攻撃すると頭と尾とで一しょにかかって来る。「おたずねしたいが、軍隊はこの率然のようにならせることができようか。」というなら「できる。」と答える。そもそも呉《ご》の国の人と越《えつ》の国の人とは互いに憎みあう仲であるが、それでも一しょに同じ舟に乗って川を渡り、途中で大風にあったばあいには、彼らは左手と右手との関係のように密接に助けあうものである。〔率然のようにならせるには、このようにそうした条件が必要である。〕こういうわけで、馬を繫ぎとめ車輪を土に埋め〔て陣固めをし〕てみても決して十分に頼りになるものではない。軍隊を〔勇者も怯者も〕ひとしく勇敢に整えるのは、その治め方——号令法度などの運用のしかた――によることである。剛強な者も柔弱な者もひとしく十分の働きをするのは、土地の〔形勢の〕道理によることである。だから、戦争の上手な人が、軍隊をまるで手をつないでいるかのように一体に――すなわち卒然のように――ならせるのは、兵士たちを、戦うよりほかにどうしようもないよう〔な条件の中におら〕せるからである。

六

將軍之事、靜以幽、正以治、能愚士卒之耳目、使之無知*、易其事、革其謀、使人無識、易其居、迂其途、使人不得慮、帥與之期、如登高而去其梯、帥與之深入諸侯之地*、而發其機、焚舟破釜*、若驅羣羊、驅而往、驅而來、莫知所之、聚三軍之衆、投之於險、此謂*將軍之事也、九地之變、屈伸之利、人情之理、不可不察*、

将軍の事は、静かにして以て幽《ふか》く、正しくして以て治まる。能く士卒の耳目を愚《ぐ》にして、これをして知ること無からしむ。其の事を易《か》え、其の謀《はかりごと》を革《あらた》め、人をして識《し》

ること無からしむ。其の居を易《か》え其の途《みち》を迂《う》にし、人をして慮《おもんぱか》ることを得ざらしむ。帥《ひき》いてこれと期すれば[一]、高きに登りて其の梯《はしご》を去るが如く、深く諸侯の地に入りて其の機を発すれば[二]、群羊を駆《か》るが若《ごと》し[三]。駆られて往き、駆られて来たるも、之《ゆ》く所を知る莫《な》し。三軍の衆を聚《あつ》めてこれを険に投ずるは、此れ将軍の事なり。九地の変[四]、屈伸の利[五]、人情の理は、察せざるべからざるなり。

＊使之無知――竹簡本では「使無之」とあって、「知」の字が無い。＊帥与之深入……――これ以下、文章が順当でない。誤りがあろう。今、「帥与之」三字を上文の重複として除く。＊焚舟破釜――竹簡本・武経本・平津本・桜田本にはこの四字は無い。杜牧の注が上文の「登高而去其梯、」に対して、「退心なからしむ、孟明の舟を焚きしこと是れなり。」とあるのによれば、古い注文のまぎれこみと見るべきか。＊謂――武経本・平津本・桜田本にはこの字は無い。今それに従う。＊不察――この下、武経本・平津本・桜田本、みな「也」の字がある。なおこの段は、事・謀・識」居・途・慮」梯・機」来・之」と押韻する。

一 これと期す――軍隊と約束する。すなわち命令して任務を与えること。 二 其の機を発す――機は石弓のひきがね。それをひいて石をはなつということで、決戦の行動を起こすことにたとえた。 三 群羊を駆る――羊は従順な性であるから、将軍の命令のままに動いて何の違背もためらいもないことにたとえた。 四 九地の変――本篇の初めにのべた九とおりの土地の形勢に応じた変化。散地には戦うなく、軽地には止まるなく、などのこと。九地についてはこの後にまた重ねてのべられる。五 屈伸の利——情況に応じて伸びたり縮んだりすることの利害。ここは伸び進んでよいか、縮んで時機を待つのがよいかという問題。

将軍たる者の仕事はもの静かで奥深く、正大でよく整っている。士卒の耳目をうまくくらまして軍の計画を知らせないようにし、そのしわざをさまざまに変えその策謀を更新して人々に気づかれないようにし、その駐屯地を転転と変えその行路を迂廻してとって人々に推しはかられないようにする。軍隊を統率して任務を与えるときには、高い所へ登らせてからその梯《はしご》をとり去るように〔戻りたくとも戻れず、ほかに行き場のないように〕し、深く外国の土地に入りこんで決戦を起こすときには、羊の群れを追いやるように〔兵士たちが従順に従うように〕する。追いやられてあちこちと往来するが、どこに向かっているかはだれにも分からない。全軍の大部隊を集めてそのすべてを〔決死の意気ごみにするような〕危険な土地に投入する、それが将軍たる者の仕事である。九とおりの土地の形勢に応じた変化、情況によって軍を屈伸させることの利害、そして人情の自然な道理〔の三者〕については、十分に考えなければならない。

七

凡爲客之道、深則專、淺則散、去國越境而師者、絕地也、四達*者、衢地也、入深者、重地也、入淺者、輕地也、背固前隘者、圍地也、無所往者、死地也、是故散地吾將一其志、輕地吾將使之屬*、爭地吾將趨其後*、交地吾將謹其守、衢地吾將固其結、重地吾將繼其食、圮地吾將進其塗*、圍地吾將塞其闕、死地吾將示之以不活、故兵之情、圍則禦、不得已則鬭、過則從*、

凡そ客たるの道は、深ければ則ち専らに、浅ければ則ち散ず。国を去り境を越えて師ある者は絶地なり。四達する者は衢地《くち》なり。入ること深き者は重地なり。入ること浅き者は軽地なり。背《はい》は固にして前は隘《あい》なる者は囲地なり。往く所なき者は死地なり。是《こ》の故に散地には吾れ将《まさ》に其の志を一にせんとす。軽地には吾れ将にこれをして属《つづ》かしめんとす。争地には吾れ将に其の後を趨《うなが》さんとす。交地には吾れ将に其の守りを謹しまんとす。衢地には吾れ将に其の結びを固くせんとす。重地には吾れ将に其の食

を継がんとす。圮《ひ》地には吾れ将に其の塗《みち》を進めんとす。囲地には吾れ将に其の闕《けつ》を塞《ふさ》がんとす。死地には吾れ将にこれに示すに活《い》きざるを以てせんとす。故に兵の情は、囲まるれば則ち禦《ふせ》ぎ、已《や》むを得ざれば則ち闘い、過ぐれば則ち従う。二

＊四達――竹簡本では「四徹」。武経本・平津本・桜田本では「四通」。＊使之属――「属」字、竹簡本では「僂」。＊趨其後――竹簡本では「使不留」とあり、ここの句は下の「重地」の説明となっている。竹簡本ではこの他、入れ替りなどの違いがあるが、今は省略する。＊塗――武経本・平津本・桜田本では「途」。＊過則従――脱誤があると思われるが、今は魏武注に従って訳しておく。「過」字、桜田本では「逼」とあるが、徂徠の疑いに従って改めたものかと疑われる。

一 絶地――本国と絶ち離れた土地の意。さきの九地の名目の中には含まれない。徂徠に従って散地以外の八地を総称したとみるのがよい。二 この段は、上文の第一段・第四段と意味が重複している。参照されたい。恐らくその異文を混入したものであろう。

およそ敵国に進撃したばあいのやり方としては、深く入りこめば団結するが浅ければ逃げ散るものである。本国を去り国境を越えて軍を進めた所は絶地《ぜっち》である。〔絶地の中では〕四方に通ずる中心地が衢地《くち》であり、深く侵入した所が重地であり、少し入

ったたけの所が軽地であり、背後がけわしくて前方がせまいのが囲地であり、行き場のないのが死地である。

こういうわけで、散地ならば〔兵士たちが離散しやすいから、〕自分は兵士たちの心を統一しようとする。軽地ならば〔軍が浮わついているから、〕自分は軍隊を〔離れないように〕連続させようとする。争地ならば〔先きに得たものが有利であるから、〕自分は後れている部隊を急がせようとする。交地ならば〔通じ開けているから、〕自分は守備を厳重にしようとする。衢地《くち》ならば〔諸侯たちの中心地であるから、〕自分は同盟を固めようとする。重地ならば〔敵地の奥深くであるから、〕自分は軍の食糧を絶やさないようにする。圮地《ひち》ならば〔行動が困難であるから、〕早く行き過ぎようとする。囲地ならば〔逃げ道があけられているものであるから、戦意を強固にするために〕自分はその逃げ道をふさごうとする。死地ならば〔力いっぱい戦わなければ滅亡するのだから、〕自分は軍隊にとても生きのびられないことを認識させようとする。そこで、兵士たちの心としては、囲まれたなら〔命ぜられなくとも〕抵抗するし、戦わないではおれなくなれば激闘するし、あまりにも危険であれば従順になる。

八

是故不知諸侯之謀者、不能預交、不知山林險阻沮澤之形者、不能行軍、不用郷導者、不能得地利、四五者*、不知一*、非霸*王之兵也、夫霸王之兵、伐大國、則其衆不得聚、威加於敵、則其交不得合、是故不争天下之交、不養天下之權*、信己之私、威加於敵、故其城*可拔、其國可隳、施無法*之賞、懸無政之令、犯三軍之衆、若使一人、犯之以事、勿告以言、犯之以利*、勿告以害、投之亡地、然後存、陥之死地、然後生、夫衆陥於害、然後能爲勝敗*、

是の故に諸侯の謀を知らざる者は、預《あらかじ》め交《まじ》わること能《あた》わず。山林・険阻《けんそ》・沮沢《そたく》の形を知らざる者は、軍を行《や》ること能わず。郷導《きょうどう》を用いざる者は、地の利を得ること能わず。此の三者、一も知らざれば、覇王《はおう》の兵には非ざるなり。

夫れ覇王の兵、大国を伐つときは則ち其の衆　聚《あつ》まることを得ず、威　敵に加わるときは則ち其の交　合《がっ》することを得ず。是の故に天下の交を争わず、天下の権を養わ

ず、己れの私を信《の》べて、威は敵に加わる。故に其の城は抜くべく、其の国は堕《やぶ》るべし。無法の賞三を施し、無政の令四を懸《か》くれば、三軍の衆を犯《もち》うること一人を使うが若《ごと》し。これを犯《もち》うるに事を以てして、告ぐるに言を以てすること勿《な》かれ。これを犯うるに利を以てして、告ぐるに害を以てすること勿かれ。これを亡地に投じて然る後《のち》に存し、これを死地に陥《おとしい》れて然る後に生く。夫れ衆は害に陥《おちい》りて然る後に能《よ》く勝敗を為す。

＊四五者——九地のこととするのが通説であるが疑わしい。桜田本にはこの上に「此」の字がある。「四五者」は恐らくは「此三者」の誤りであろう。＊不知一——竹簡本・武経本・平津本・桜田本では「一不知」。＊覇王——竹簡本は「王覇」。下文も同じ。＊不養——桜田本では「不奪」。＊其城——竹簡本では「城」の字が下句の「国」字と入れ替っている。＊施無法——竹簡本では「施」の字が無い。下句の「懸」の字も無い。＊以利——竹簡本では「利」字が下句の「害」と入れ替っている。＊為勝敗——ここの二句は害と敗と押韻《おういん》。

一 以上の文は軍争篇第七にも重複して出ている。二 覇王——諸侯の旗頭《はたがしら》として天下の秩序を維持する者を覇者という。そうした覇者としての天下の支配者。三 無法の賞——常法にこだわらない重賞。四 無政の令——常規にこだわらないきびしい法令。上の賞に対して禁令をいう。

そこで、諸侯たちの腹のうちが分からないのでは、前もって同盟することはできず、山林やけわしい地形や沼沢地などの地形が分からないのでは、軍隊を進めることはできず、その土地にくわしい案内役を使えないのでは、地形の利益を収めることはできない。これら三つのことは、その一つでも知らないのでは、霸王《はおう》の軍ではない。

そもそも霸王の軍は、もし大国を討伐すればその大国の大部隊もばらばらになって集合することができず、もし威勢が敵国を蔽えばその敵国は〔孤立して〕他国と同盟することができない。こういうわけで、天下の国々との同盟に努めることをせず、また天下の権力を〔自分の身に〕積みあげることもしないでも、自分の思いどおり勝手にふるまっていて威勢は敵国を蔽っていく。だから敵の城も落とせるし、敵の国も破れるのである。

ふつうのきまりを越えた重賞を施し、ふつうの定めにこだわらない禁令を掲げるなら、全軍の大部隊を働かせることもただの一人を使うようなものである。軍隊を働かせるのは任務を与えるだけにして、その理由を説明してはならず、軍隊を働かせるのは有利なことだけを知らせて、その害になることを告げてはならない。〔だれにも知られずに、〕軍隊を滅亡すべき情況に投げ入れてこそ始めて滅亡を免《まぬか》れ、死すべき情況におとしいれてこそ始めて生きのびるのである。そもそも兵士たちは、そうした危難に落ちいってこそ、始めて勝敗を自由にすることができるものである。

九

故爲兵之事、在於*順詳敵之意、并敵一向*、千里殺將、此謂巧能成事者也*、是故政擧之日、夷關折符、無通其使、厲於廊廟之上、以誅其事、敵人開闔、必亟入之、先其*所愛、微與之期、踐墨*隨敵、以決戰事、是故始如處女、敵人開戶、後如脫兎、敵不及拒*、

故に兵を為すの事は、敵の意を順詳[一]するに在り。敵を并《あわ》せて一向《いっこう》し、千里にして将を殺す、此れを巧みに能《よ》く事を成すと謂う。

是の故に政《せい》の挙《おこ》なわるるの[二]日は、関《かん》を夷《とど》め[三]符《ふ》[四]を折《くだ》きて其の使を通ずること無く、廊《ろう》廟《びょう》の上に厲《きび》しくして以て其の事を誅《せ》む。敵人開闔《かいこう》[五]すれば必ず亟《すみや》かにこれに入り、其の愛する所を先きにして微《ひそ》かにこれと期し、践墨《せんもく》して敵に随《したが》いて以て戦事を決す。是の故に始めは処女の如くにして、敵人　戸を開き、後は脱兎《だっと》の如くにして、敵　拒《ふせ》ぐに及ばず。

＊於――武経本・平津本・桜田本にはこの字は無い。＊弁敵一向――読みにくい句である。武内『考文』は、魏武注などから考えて、もと「弁一向敵――一つになって敵に当たる――」とあったろうという。今、仮りに原文のままに読む。＊巧能成事者也――武経本・平津本・桜田本には末の二字が無い。竹簡本は「巧事」の二字だけ。＊先其――桜田本では二字の間に「奪」の字があり、杜牧注に合う。『考文』は用間篇の文によって二字の間に「知」の字を補うべしといい、梅堯臣注に合う。「先」の一字でこれらの義を含ませたものであろう。＊践墨――墨を縄墨の意と見て、「正規どおりに」と解するのが通説であるが、落ちつかない。古注に引く一本には「剗墨」とあり、それならば「規範にこだわらないで」の意。『考文』はこのままで墨を黙の仮借字と見、黙して言わざることと解する。＊この段は、初め事・意」向・将」が押韻。次に使・事・期・事が押韻。また女・戸・兎・拒が押韻している。

一 順詳――順は慎の仮借字。慎・詳はともに審の意、審らかにおしはかること。二 政の挙なわるる――軍政すなわち軍の号令、法度が発動することで、いよいよ開戦と決したこと。三 夷め――夷は止の意。古書で夷は尼と通用し、尼は止と読む。四 符――割り符。外国との間で約束した旅券。五 開闔――開いたり閉じたりの意で、動揺して安定しないさま。闔はまた扉のことであるから「闔を開く」と読んで、下の「戸を開く」と同じに見る説もある。

そこで、戦争を行なううえでの大切な事は、敵の意図を十分に把握することである。

敵の意図をのみこんで直進し、千里のかなたでその将軍をうちとる、それを巧妙にうまく戦争を成しとげたというのである。

こういうわけで、いよいよ開戦となったときには、敵国との関門を封鎖し旅券を廃止して使節の往来を止めてしまい、朝廷・宗廟の堂上で厳粛に〔審議し廟算〕してその軍事をはかり求める。そして、もし敵の方に動揺したすきが見えれば必ず迅速に侵入し、敵の大切にしているところを第一の攻撃目標としてひそかにそれと心に定め、だまったまま敵情に応じて行動しながら、ついに一戦して勝敗を決するのである。こういうわけで、はじめには処女のように〔もの静かに〕していると敵の国では油断してすきを見せ、その後、脱走する兎のように〔するどく攻撃〕すると、敵の方ではとても防ぎきれないのである。

火攻篇＊一

＊一　火を使って攻撃することについて。

＊桜田本は「火篇第十二」。武経本・平津本は「火攻第十二」。

一

孫子曰、凡火攻有五、一曰火人、二曰火積、三曰火輜、四曰火庫、五曰火隊、行火必＊有因、煙火必素具＊、發火有時、起火有日、時者天之燥也、日者月在箕壁翼軫＊也、凡此四宿者、風起之日也、

孫子曰《い》わく、凡そ火攻《かこう》に五あり。一に曰わく火人、二に曰わく火積《かし》、三に曰わく火《か》輜《し》、四に曰わく火庫、五に曰わく火隊。火を行なうには因《いん》あり、因は必ず素《もと》より具《そな》う。

火を発するに時あり、火を起こすに日あり。時とは天の燥《かわ》けるなり。日とは月の箕《き》・壁《へき》・翼《よく》・軫《しん》に在る[二]なり。凡そ此の四宿の者は風の起こるの日なり。

＊行火必——竹簡本には「必」字が無い。今除く。＊煙火必素具——清の孫詒讓《そんいじょう》は「煙火」は「熛火《ひょうか》」の誤りであろうという。火を飛ばせること。ただし、竹簡本ではこの二字が無く、「因」の一字になっている。文章順当であるから、今それに従う。＊月在箕壁翼軫——『通典』巻百六十、『御覧』巻三百二十一では「宿在戊箕東壁翼軫」。岱南本はそれによって「月」を「宿」に改めるが、今底本のままとする。

一 火隊——隊伍に火をかけると見るのが通説。『通典』では「火隧」とあり、それを本字として他の四条に合わせて読むと、通り道に火をかけることとする説がよい。二 月の箕・壁・翼・軫に在る——箕・壁・翼・軫は太陽の通る赤道を二十八に区分した二十八宿の中の四宿星で、和名「み」（東北方）、「なまめ」（西北方）、「たすき」（東南方）「みつうち」（東南方）にあたる。そこに月が入る日のこと。

孫子はいう。およそ火攻めには五とおりある。第一は火人（兵営の兵士を焼き撃ちすること）、第二は火《か》積《し》（兵糧の貯蔵所を焼くこと）、第三は火《か》輜《し》（武器や軍装の運搬中に火をかけること）、第四は火庫（財貨器物の倉庫を焼くこと）、第五は火《か》隧《つい》（橋などの行路に火をかけること）である。火を使うには条件が必要で、その条件は必ず事前にじゅうぶんに整える。火攻めをはじめるには、適当な時があり、火攻めを盛んにするには適当な日がある。時というのは天気の乾燥した時のことである。日というのは月が天体の箕《き》・壁《へき》・翼《よく》・軫《しん》の分野に入る日のことである。およそ月がこれらの四宿にあるときが風の起こる日である。

二

凡火攻、必因五火之變而應之*、火發於內、則早*應之於外、火發兵*靜者、待而勿攻、極其火力*、可從而從*之、不可從而止*、火可發於外、無待於內、以時發之*、火發上風、無攻下風、晝風久、夜風止、凡軍必知有*五火之變、以數守之、

凡そ火攻は、必ず五火の変に因《よ》りてこれに応ず。火の内に発するときは則ち早くこれに外に応ず。火の発して其の兵の静かなる者は、待ちて攻むること勿《な》く、其の火力を極めて、従うべくしてこれに従い、従うべからずしてこれを止《や》む。火　外より発す

べくんば、内に待つこと無く、時を以てこれを発す。火　上風に発すれば、下風を攻むること無かれ。昼風の久しければ夜風には止む。凡そ軍は必ず五火の変あることを知り、数を以てこれを守る。二

＊凡火攻……応之――竹簡本は欠文であるが、もともとこの文は無かったらしいと校語でいう。＊早――『御覧』巻三百二十一は「軍」とある。＊発兵――武経本・平津本・桜田本では二字の間に「而其」の二字があり、『通典』巻百六十も同じく、岱南本もそれに従って補っている。竹簡本では「其」の一字だけ。今竹簡本に従う。＊火力――竹簡本は「火央」。「央」は殃(害)の借字。今底本に従う。＊而従――武経本では「則従」。＊而止――竹簡本ではこの下に「之」字がある。武経本・平津本・桜田本では「則止」。＊発之――この下、桜田本には「因変応之」の四字がある。＊有――武経本・平津本・桜田本にはこの字は無い。『御覧』と合う。
一　火の内に発す――身方のスパイが敵中に入り、また敵の中に身方と通ずる者がいて、敵の陣営内で放火すること。二　数を以てこれを守る――数は術の意。上述の「時」や「日」、また風のぐあいなどを利用する技術を使って「五火の変」に巧みに対応して攻撃すること。

およそ火攻めには、必ず五とおりの火攻めの変化に従って、それに呼応して兵を出すのである。〔第一は身方の放火した〕火が敵の陣営の中で燃え出したときには、す

ばやくそれに呼応して外から兵をかける。〔第二に〕火が燃え出したのに敵軍が静かなばあいには、しばらく待つことにしてすぐに攻めてはならず、その火勢にまかせて〔ようすをうかがい、〕攻撃してよければ攻撃し、攻撃すべきでなければやめる。〔第三には〕火を外からかけるのに都合がよければ、陣営の中〔で放火するの〕を待たないで適当な時をみて火をかける。〔第四に〕風上から燃え出したときには風下から攻撃してはならない。〔第五に〕昼まの風が長くつづいたときは、夜の風には〔風が変るから火攻めは〕やめる。およそ軍隊では必ず〔こうした〕五とおりの火攻めの変化があることをわきまえ、技術を用いてそれに対応した攻撃を行なうのである。

三

故以火佐攻者明、以水佐攻者強、水可以絶、不可以奪、

故に火を以て攻を佐《たす》くる者は明なり。水を以て攻を佐くる者は強なり。水は以て絶つべきも、以て奪うべからず。

一　この段は火攻めと水攻めとを比べて火攻めの勝ることをいう。

そこで、火を攻撃の助けとするのは聡明〔な知恵〕によるが、水を攻撃の助けとするのは強大〔な兵力〕による。そして、水攻めは敵を遮断できるが、奪取することはできない。

四

夫戰勝攻取、而不修其功者、凶、命曰費留、故曰明主慮之、良將修之、非利不動、非得不用、非危不戰、主不可以怒而興師、將不可以慍而致戰、合於利而動、不合於利而止、怒可以復喜、慍可以復悅、亡國不可以復存、死者不可以復生、故明君愼之、良將警之、此安國全軍之道也、

夫れ戦勝攻取して其の功を修めざる者は凶なり。命《なづ》けて費留《ひりゅう》と曰う。故に明主はこれを慮り、良将はこれを修め、利に非ざれば動かず、得るに非ざれば用いず、危うき

に非ざれば戦わず。主は怒りを以て師を興こすべからず。将は慍《いきどお》りを以て戦いを致すべからず。利に合えば而《すなわ》ち動き、利に合わざれば而ち止まる。怒りは復《ま》た喜ぶべく、慍りは復た悦《よろこ》ぶべきも、亡国は復た存すべからず、死者は復た生くべからず。故に明主はこれを慎み、良将はこれを警《いまし》む。此れ国を安んじ軍を全《まっと》うするの道なり。一

＊不修——竹簡本は「不隋」。不従の意。＊曰——桜田本にはこの字は無い。＊明君——竹簡本・武経本・平津本・桜田本では「明主」。『通典』巻百五十六、『治要』巻三十三、『御覧』巻二百七十二も同じ。

一 この一段は火攻と直接の関係がなく、むしろ『孫子』全篇の総結の感がある。

そもそも戦って勝ち攻撃して奪取しながら、その戦果を収め整えない〔でむだな戦争をつづける〕のは不吉なことで、費留《ひりゅう》——むだな費用をかけてぐずついている——と名づけるのである。だから、聡明な君主はよく思慮し、立派な将軍はよく修め整えて、有利でなければ行動を起こさず、利得がなければ軍を用いず、危険がせまらなければ戦わない。君主は怒りにまかせて軍を興こすべきではなく、将軍も憤激にまかせて合戦をはじめるべきではない。有利な情況であれば行動を起こし、有利な情況でな

ければやめるのである。怒りは〔解けて〕また喜ぶようになれるし、憤激も〔ほぐれて〕また愉快になれるが、〔一旦戦争してもし失敗したとなると、〕亡んだ国はもう一度たてなおしはできず、死んだ者は再び生きかえることはできない。だから聡明な君主は〔戦争については〕慎重にし、立派な将軍はいましめる。これが国家を安泰にし軍隊を保全するための方法である。

用間篇*一

*桜田本は「間篇第十三」。武経本・平津本は「用間第十三」。

一 間《かん》は間諜のこと。敵情をうかがうスパイについてのべる。

一

孫子曰、凡興師十萬、出征*千里、百姓之費、公家之奉、日費千金、內外騷動、怠於道路*、不得操事者、七十萬家、相守數年、以爭一日之勝、而愛爵祿百金、不知敵之情者、不仁之至也、非人之將也、非主之佐也、非勝之主也、故明君賢將*、所以動而勝人、成功出於衆者、先知也、先知者、不可取於鬼神、不可象於事、不可驗於度、必取於人*、知敵之情者也、

孫子曰《い》わく、凡そ師を興こすこと十万、師を出だすこと千里なれば、百姓《ひゃくせい》の費《ひ》、公家の奉《ほう》、日に千金を費し[一]、内外騒動して事を操《と》るを得ざる者、七十万家。[二]相い守ること数年にして、以て一日の勝を争う。而るに爵禄・百金を愛《おし》んで敵の情を知らざる者は、不仁の至りなり。人の将に非ざるなり。主の佐に非ざるなり。勝の主に非ざるなり。

故に明主賢将の動きて人に勝ち、成功の衆に出《い》ずる所以《ゆえん》の者は、先知なり、先知なる者は鬼神に取るべからず、事に象《かたど》る[三]べからず、度に験す[四]べからず。必ず人に取りて敵の情を知る者なり。

＊出征――岱南本では「出兵」。『治要』巻三十三、『御覧』巻二百九十二では「出師」。「師」に改める。＊怠於道路――『治要』『御覧』ともにこの句が無い。今それに従う。＊明君――『考文』は、『治要』や火攻篇の語から考えると「明主」とあるべきだという。＊於人――この下、桜田本には「而」の字がある。また下の「者」字が無い。『武経直解』のテクストと同じ。竹簡本では下の「敵之情」三字が無い。「必ず人知に取る者なり」となる。

一 凡そ師を興こすこと十万……千金を費し――作戦篇第二の第一、二段(三五ページ以下)を参照。

二 事を操るを得ざる者、七十万家――魏武注によると、「古くは八家を隣り組として一家が従軍すると他の七家がそれを助けたために、十万の師を挙げるには七十万家が奉仕して、農耕を十分に行なえなかったのだ。」という。三 事に象る——他の人事によって類推する。四 度に験す——自然界のきまり、天文暦数などによってためしはかる。

孫子はいう。およそ十万の軍隊を起こして千里の外に出征することになれば、民衆の経費や公家《おかみ》の出費も一日に千金をも費すことになり、国の内外ともに大騒ぎで農事にもはげめないものが七十万家もできることになる。そして数年間も対峙したうえで一日の決戦を争うのである。〔戦争とはこのように重大なことである。〕それにもかかわらず、爵位や俸禄や百金を与えることを惜しんで、敵情を知ろうとしないのは、不《ふ》仁《じん》——民衆を愛しあわれまないこと——の甚だしいものである。〔それでは〕人民を率いる将軍とはいえず、君主の補佐ともいえず、勝利の主ともいえない。

だから、聡明な君主やすぐれた将軍が行動を起こして敵に勝ち、人なみはずれた成功を収めることができるのは、あらかじめ敵情を知ることによってである。あらかじめ知ることは、鬼神のおかげで——祈ったり占《うらな》ったりする神秘的な方法で——できるのではなく、過去のでき事によって類推できるのでもなく、自然界の規律によってためしはかれるのでもない。必ず人——特別な間諜——に頼ってこそ敵の情況が知れるのである。

二

故用閒有五、有因閒、*有內閒、有反閒、有死閒、有生閒、五閒俱起、莫知其道、是謂*神紀、人君之寶也、因閒者、*因其鄕人而用之、*內閒者、因其官人而用之、*反閒者、因其敵閒而用之、*死閒者、爲誑事於外、令吾閒知之、而傳於敵閒也、*生閒者、反報也、*

故に間《かん》を用うるに五あり。郷間あり。内間あり。反間あり。死間あり。生間あり。五間俱《とも》に起こって其の道を知ること莫《な》し、是れを神紀と謂う。人君の宝なり。郷間なる者は其の郷人に因《よ》りてこれを用うるなり。内間なる者は其の官人に因りてこれを用うるなり。反間なる者は其の敵間に因りてこれを用うるなり。死間なる者は誑事《きょうじ》を外に為し、吾が間をしてこれを知って敵に伝えしむるなり。生間なる者は反《かえ》り報ずるなり。

＊因間――桜田本では「郷間」。張預注に「因間は郷間とあるべし、故に下文に『郷間、得て使

うべし。』とある。」という。＊謂――岱南本では「為」。＊用之――桜田本ではこの下に「也」字がある。下の二か所も同じ。今補う。『通典』巻百五十一では「者也」の二字がある。下の五か所とも同じ。＊伝於敵間也――岱南本では「間也」の二字が無い。『御覧』巻二百九十二では「待於敵也」とある。今それに従って「間」字を除く。桜田本は上の「為誑事於外」から「敵間」までの十五字が無く、代わりに「委敵」の二字がある。竹簡本では不明。＊反報也――竹簡本はこの生間の説明を五間の説明の第一におく。

一 神紀――神は神秘不可思議の意で、間諜の用い方が外にもれない巧妙さをほめたことば。紀は治と同じ。間諜の治め方、用い方。 二 死間なる者……――敵をも身方をもあざむくような外形をとって身方の間諜にそれを本当と思いこませ、さて捕虜にさせたり、裏切らせたりして、敵にそれを伝えるようにはからうのである。必ず敵中で殺される運命になるから死間という。

そこで、間諜を働かせるのには五とおりがある。郷間《きようかん》――村里の間諜――があり、内間――敵方からの内通の間諜――があり、反間――こちらのために働く敵の間諜――があり、死間――死ぬ間諜――があり、生間――生きて帰る間諜――がある。この五とおりの間諜がともに活動していてその働きぶりが人に知られないというのが、神紀《しんき》すなわちすぐれた用い方といわれることで、人君の珍重すべきことである。

郷間というのは敵の村里の人々を利用して働かせるのである。内間というのは敵の役人を利用して働かせるのである。反間というのは敵の間諜を利用して働かせるのである。死間というのは偽り事を外にあらわして身方の間諜にそれを知らせ〔て本当と思いこませ〕敵方に告げさせるのである。生間というのは〔そのつど〕帰って来て報告するのである。

三

故三軍之事*、莫親於閒、賞莫厚於閒、事莫密於閒、非聖智*不能用閒、非仁義不能使閒、非微妙不能得閒之實、微哉微哉、無所不用閒也、閒事未發而先聞者、閒與*所告者、皆死、

故に三軍の親《しん》は間《かん》より親しきは莫《な》く、賞は間より厚きは莫く、事は間より密なるは莫し。聖智に非ざれば間を用うること能《あた》わず、仁義に非ざれば間を使うこと能わず、微妙に非ざれば間の実を得ること能わず。微なるかな微なるかな、間を用いざる所な

し。間事未だ発せざるに而も先ず聞こゆれば、間と告ぐる所の者と、皆な死す。

＊事——竹簡本・『通典』巻百五十一、『御覧』巻二百九十二では「親」。下の「事莫密於間、」の句からするとそれがよい。桜田本は「事」の下に「交」の字がある。＊聖智・仁義——竹簡本では「聖」と「仁」。「智」「義」の二字が無い。＊先聞者、間与——竹簡本では「聞間」の二字だけで他の字は無い。『通典』『御覧』では「先聞、其間者与」とあって読みやすいが、今底本のままとする。「者」は則の意に読む。

そこで、全軍の中での親近さでは間諜が最も親しく、賞与では間諜のが最も厚く、仕事では間諜のが最も秘密を要する。聡明な思慮ぶかさがなければ間諜を利用することができず、仁慈と正義がなければ間諜を使うことができず、はかりがたい微妙〔な心くばり〕がなければ間諜の〔情報の〕真実を把握することができない。微妙だ微妙だ、どんなことにも間諜は用いられるのである。〔そして、〕間諜の情報がまだ発表されないうちに外から耳に入ることがあると、その〔情報をもたらした〕間諜とそのことを知らせてきた者とをともに死罪にするのである。

四

凡軍之所欲撃、城之所欲攻、人之所欲殺、必先知其守將左右謁者門者舍人之姓名、令吾間必索知之、

凡そ軍の撃たんと欲《ほっ》する所、城の攻めんと欲する所、人の殺さんと欲する所は、必ず先ず其の守将・左右・謁者《えっしゃ》・門者・舎人《しゃじん》の姓名を知り、吾が間《かん》をして必ず索《もと》めてこれを知らしむ。

およそ撃ちたいと思う軍隊や攻めたいと思う城や殺したいと思う人物については、必ずその官職を守る将軍や左右の近臣や奏聞者や門を守る者や宮中を守る役人の姓名をまず知って、身方の間諜に必ずさらに追求してそれらの人物のことを調べさせる。

五

必索*敵人之閒來*閒我者、因而利之、導而舍之、故反閒可得而用也、因是而知之、故鄉閒內閒、可得而使也、因是而知之、故死閒爲誑事、可使告敵、因是而知之、故生閒可使如期、五閒*之事、主必*知之、知之必在於反閒、故反閒不可不厚也、

敵間の来たって我れを間《かん》する者、因《よ》りてこれを利し、導きてこれを舎《しゃ》せしむ。故に反間得て用うべきなり。是れに因りてこれを知る、故に郷間・内間　得て使うべきなり。是れに因りてこれを知る、故に死間　誑事《きょうじ》を為して敵に告げしむべし。是れに因りてこれを知る、故に生間　期の如くならしむべし。五間の事は主必ずこれを知る。これを知るは必ず反間に在り。故に反間は厚くせざるべからざるなり。

＊必索――『通典』巻百五十一、『御覧』巻二百九十二ではこの二字は無い。上文の重複であろう。　＊敵人之間来――武経本・平津本では「敵間之来」。『通典』『御覧』も同じ。今それに従う。　＊五間――この上、桜田本には「此」の字がある。　＊主必――竹簡本では「主」の字が

無い。

敵の間諜でこちらにやって来てスパイをしている者は、つけこんでそれに利益を与え、うまく誘ってこちらにつかせる。そこで反間として用いることができるのである。この反間によって敵情が分かるから、郷間や内間も使うことができるのである。この反間によって敵情が分かるから、死間を使って偽り事をしたうえで敵方に告げさせることができるのである。この反間によって敵情が分かるから、生間を計画どおりに働かせることができるのである。五とおりの間諜の情報は君主が必ずそれをわきまえるが、その情報が知られるもとは必ず反間によってである。そこで反間はぜひとも厚遇すべきである。

六

*昔殷之興也、伊摯在夏、周之興也、呂牙在殷、故*惟明君*賢將、能以上智爲間者、必成大功、此兵之要、三軍之*所恃而動也、

昔、殷《いん》[一]の興こるや　伊摯《いし》[二]　夏《か》に在り。周の興こるや、呂牙《りょが》[三]　殷に在り。故に惟《た》だ明主賢将のみ能く上智を以て間者と為して、必ず大功を成す。此れ兵の要にして、三軍の恃《たの》みて動く所なり。

＊昔――竹簡本ではこの字が無かったらしいと、その校語でいう。＊惟――平津本・桜田本にはこの字は無い。『通典』と合う。竹簡本では「故」の字が無い。なおこの句と上の「呂牙在殷」の句との間に、竹簡本では「衛師比在陘、燕之興也、蘇秦在斉」の句がある。＊明君――竹簡本では「明主」。『通典』『御覧』と合う。今それに従う。＊之――武経本・平津本にはこの字は無い。『通典』『御覧』と合う。

一 殷――夏、殷、周は三代の王朝。夏は聖王の禹《う》にはじまり暴君の桀《けつ》に終わり、殷の聖王の湯《とう》は桀をたおして暴君の紂《ちゅう》までつづき、周の聖王文王の子の武王が紂をたおした。殷と周との交替はおおよそ紀元前千百年ごろとされ、周の滅亡はやがて紀元前二百二十一年の秦の始皇帝の統一にうけつがれる。二 伊摯――殷の湯王から三代にわたって活躍した建国の功臣、伊尹《いいん》のこと。摯は名、尹は官名。三 呂牙――周の武王を助けて殷をたおし、その後、斉の国に封ぜられた建国の功臣、太公望呂尚のこと。

昔、殷《いん》王朝がはじまるときには、〔あの有名な建国の功臣〕伊摯《いし》が〔間諜として敵の〕夏《か》の国に入りこみ、周王朝がはじまるときには、〔あの有名な建国の功臣〕呂牙《りよが》が〔間諜として敵の〕殷の国に入りこんだものである。だから、聡明な君主やすぐれた将軍であってこそ、はじめてすぐれた知恵者を間諜として、必ず偉大な功業をなしとげることができるのである。この間諜こそ戦争のかなめであり、全軍がそれに頼って行動するものである。

孫子　終

附録

孫子伝（『史記』巻六十五）

孫子、〔その名を〕武という者は、斉《せい》（今の山東省）の人である。兵法によって呉《ご》の国（長江下流地方）の王である闔廬《こうろ》にお目見えした。

闔廬「そちの書いた十三篇は、わしもすっかり読んだが、〔実戦ではどうか、〕ちょっとためしに軍隊を指揮して見せてくれるかな。」

答えて「よろしゅうございます。」というと、

闔廬「女どもでためせるかな。」

「よろしゅうございます。」

そこで、特に許可を与えて宮中の美女を呼び出し、百八十人が集まった。孫子はそれを〔左右の〕二隊に分けると、王の愛姫《き》二人をそれぞれの隊長とならせ、一同に戟《ほこ》を

持たせると、さて命令を下した。

「お前たち、自分の胸と左右の手と背中《せなか》とを知っておろう。」

婦人たちが「知っております。」というと、

孫子「前の合図をしたときは胸を見よ。左の合図をしたときは左手を見よ。右の合図をしたときは右手を見よ。後の合図をしたときは背中を見よ。」

婦人たち「かしこまりました。」

〔太鼓の合図の〕取り決めがいいわたされると、そこで〔兵士を統率するしるしとして王から賜わった〕鈇鉞《おのまさかり》をならべ、再三訓令して何度も申し伝えたうえで、はじめて右の合図の太鼓をうったが、婦人たちはどっと笑った。

孫子「取り決めが徹底せず、申し伝えた命令がゆきとどかないのは、将軍〔たるわたくし〕の罪だ。」

またくりかえして再三訓令し何度も申し伝えたうえで、左の合図の太鼓をうったが、婦人たちはまたどっと笑った。

孫子「取り決めが徹底せず、申し伝えた命令がゆきとどかないのは、将軍の罪だが、すっかり徹底しているのにきまりのとおりにしないのは、監督の役人の罪だ。」

そこで左の隊長と右の隊長とを斬り殺そうとした。呉王は高台の上から観ていたが、自分の愛姫《き》が殺されそうになったのでびっくり仰天、あわてて使いの者をやって伝えさせた。

「将軍が立派に軍隊を指揮できることは、わしにはもうよく分かった。わしはこの二人の女がいなければ、ものを食べてもうまくない。どうか殺さないでほしい。」

孫子「わたくし今や御命令をうけて将軍となっております。将軍が軍中にあるときは、君主の御命令とてもおききできないことがあるものです。」

ついに二人の隊長を斬り殺して見せしめにすると、その次ぎの者を隊長とならせた。こうしてまた太鼓をうつと、こんどは婦人たちも左右前後から膝まずき立ち上りまで、みな定めどおりに整然として声をたてるものもなかった。

そこで、孫子は使いをやって王に報告させた。

「軍はすっかり整備されました。王さま、ためしに下りてきて御覧下さい。王さまのお望みどおりに動かせます。水火の中に行かせることでも、できましょう。」

呉王は「愛姫を殺されたので心がはれず、」「将軍は休息をとって宿舎に帰られたい。わしは降りていって観る気がしない。」

孫子「王さまはただ兵法のことばづらを好まれるだけで、兵法の実際の運用はおできにならないのですね。」

こうして、闔廬は孫子が軍隊の指揮にすぐれていることを知ったので、ついに彼を〔呉の国の〕将軍とならせた。〔呉の国が〕西の方では強い楚の国(長江中流地方)を撃破してその都の郢《えい》に攻めこみ、北の方では斉《せい》(今の山東省)や晋《しん》(山西省・河南省)の国に勢威を示して、諸侯のあいだで有名になったのも、孫子の働きによるところが大であった。

孫武が死んでから百年以上も後に孫臏《そんぴん》が出た。臏は阿《あ》・鄄《けん》(ともに斉の土地)のあたりに生まれたが、この臏もやはり孫武の後世の子孫である。孫臏ははじめ龐涓《ほうけん》と一しょに兵法を学んだ。龐涓は魏の国(今の河南省)に仕えて恵王の将軍となることができたが、自分で孫臏にはとても及ばないと思っていた。そこでこっそりと人をやって孫臏を招かせた。臏がやってくると、龐涓は彼が自分よりもすぐれていることを恐れてこれを害した。つまり刑罰にふれさせて彼の両足を切断し〔罪人のしるしとなる〕入《い》れ墨《ずみ》をさせて、彼が世を避けて出て来れないようにと願ったのである。斉の使者が〔魏の都の〕梁《りょう》（今の河南省開封）にやってきたとき、孫臏は受刑者の身でこっそりと斉の使者に会って意見をのべた。斉の使者は彼を奇才だと考え、ひそかに車に乗せて斉の国へつれていったが、斉の将軍である田忌《でんき》は彼を重んじて客としての身分で待遇した。

田忌《でんき》は斉の一族の公子《こうし》たちと一しょによく馬を走らせては大きな賭《か》けごとをしたが、孫子は敵身方の馬の速さは〔勝ったり負けたりで全体として〕それほど違わないが、〔個々の〕馬には上中下の三等があることを見ぬいた。そこで、孫子は田忌に向かっていった。

「御主君、ともかく大きく賭《か》けなさい。わたくしは御主君に勝たせることができます。」

田忌はそれを信用して承諾すると、王や公子たちと競馬をして千金を賭けることになった。〔さて、〕いよいよ目標に向かうときになると、孫子はいった、

「さあ、御主君の下等の馬であいての上等の馬に当たらせ、御主君の上等の馬を選んであいての中等の馬に当たらせ、御主君の中等の馬を選んであいての下等の馬に当たらせなさい。」

こうして三等級の競馬が終わると、田忌は一度は勝たなかったけれども二度の勝利

を得て、とうとう王の千金を取ることができた。そこで、〔感心した〕田忌は孫子を威《い》王《おう》に推薦した。威王は兵法を問い、ついに彼を先生と定めた。

その後、魏《ぎ》が趙《ちょう》の国(今の山西省)を攻撃して趙が危うくなり、斉に救援を求めてきたので、斉の威王は孫臏《そんぴん》を将軍にしようとした。しかし、孫臏は、

「刑罰にふれたことのある人間です、いけません。」といって辞退した。

そこで田忌を将軍として、孫子は先生ということになり、運搬車の中にいて坐ったままで謀略をめぐらすことになった。〔さて、〕田忌は軍を率いて趙に行こうとしたが、孫子はいった、

「そもそも乱れもつれた糸を解こうとするときには〔指先きで静かにして、〕むりにひっぱったりたたいたりはしません。けんかを止めようとするときには〔口でなだめて、〕うちかかったり戟《ほこ》でつきにいったりはしません。充実したところを避けて備えのない所を攻撃したなら、形勢も変ってきて勢いも治まり、敵は自然に軍を解散することになるものです。今、魏は趙と合戦しているところで、元気な強い兵士たちはきっと国外に出つくし、老人や子供だけが国内で疲れきっておりましょう。御主君には軍を率いて都の梁に急進され、その交通拠点をおさえてその備えのない所を攻撃される

のが第一です。あいてはきっと趙を棄てて自国の防衛に戻ってくるでしょう。つまり身方が一つの行動を起こすだけで、趙の包囲を解かせるばかりか魏の国力をも消耗させることになるのです。」

田忌がそのことばどおりにすると、魏ははたして趙の都の邯鄲《かんたん》(今の河北省邯鄲)から引きあげて〔とってかえし、〕斉の軍隊と桂陵《けいりょう》の地(今の山東省渮沢)で戦ったが、斉の軍は魏の軍隊を大いにうち破った。

十三年たってから、魏と趙とが韓(今の河南省)を攻撃し、韓は危急を斉にうったえた。斉では田忌を将軍として派遣することになり、まっすぐに魏の都の梁へと進んだ。魏の将軍である龐涓《ほうけん》はそれを聞くと、韓を引きあげて自国に戻ってきたが、斉の軍隊は一足さきに魏の国境を突破して西に進撃していた。孫子は田忌に向かって、

「あの三晋《しん》(魏・趙・韓)の軍隊はもともと勇敢で斉を馬鹿にしていますし、斉の軍隊は臆病だといわれています。戦いに巧みな人はそうした自然の勢いにもとづいてそれを利用してうまくやるものです。兵法にも『百里の先きで利益を得ようとして強行軍をするものは上《じょう》将軍がひどいめにあい、五十里の先きで利益を得ようとして強行軍をするものはその軍隊の半分が行きつくだけだ。』とあります(『孫子』軍争篇第七第

一段参照)。〔魏の軍隊はちょうどそのようになりましょう。〕」

というと、斉の軍隊に命令して魏の領地に侵入したときの宿営には十万人分の竈《かまど》を作らせ、その翌日には減らして五万人分の竈を作らせ、またその翌日には三万人分の竈を作らせた。龐涓は三日の行軍をして〔このありさまを見ると〕大いに喜び、「斉の軍隊が臆病だということはわしはもとから知っていたが、わが領地に入ってから三日で、兵士たちが半分以上も逃亡してしまったぞ。」

というと、それからその歩兵部隊をあとに残して軽装の精鋭部隊だけをひきつれ、昼夜兼行で追いかけた。孫子はそうした魏軍の行程をはかってみると、ちょうど夜に馬陵《ばりょう》(今の河北省大名)に来るはずであった。馬陵の道はばは狭く、その両側はおおむねけわしく迫っていて伏兵をするのに好都合である。そこで大きな樹木の皮を削り去って白くしたうえで、そこに「龐涓、此の樹の下にて死なん。」と書いた。さてそうしておいて、斉の軍隊の射撃に巧みな者に命令して、道をはさんで一万だいの石弓を並べてひそませ、「夜になって火がつくのを認めたら一度に打ち放せ。」と取り決めた。龐涓ははたして夜になってから削った木の下にやって来て、白地に書かれた文字を認めた。そこで火を鑽《き》ってこれを照し出してその字を読もうとしたが、まだ読み終わらないうちに斉軍の一万だいの石弓が一度に打ち放された。魏の軍隊は大混乱となって散り散りになり、龐涓は自ら智謀も尽きて軍の敗れたことを知ると、「とうとうあいつの名声をあげさせた。」といって自殺した。斉はそこで勝に乗じて魏の軍隊を完全にうち破り、魏の太子の申《しん》を捕虜にして母国に凱旋《がいせん》した。

孫臏はこの戦いによってその名声が天下にあらわれ、後世にもその兵法が伝えられることになったのである。

ワイド版 岩波文庫

〈仏教〉

ブッダのことば ―スッタニパータ― 中村元訳

ブッダの真理のことば 感興のことば 中村元訳

ブッダ最後の旅 ―大パリニッバーナ経― 中村元訳

般若心経・金剛般若経 中村元 紀野一義 訳註

親鸞和讃集 名畑應順校注

〈日本文学(古典)〉

古事記 倉野憲司校注

新訂 徒然草 西尾実 安良岡康作 校注

新訂 梁塵秘抄 佐佐木信綱校訂

おもろさうし(全二冊) 外間守善校注

芭蕉 おくのほそ道 付 曾良旅日記 奥細道菅菰抄 萩原恭男校注

2023.2 C

ワイド版 岩波文庫

〈哲学・教育・宗教〉

アリストテレス ニコマコス倫理学（全二冊） 高田三郎訳

アリストテレース 詩学
ホラーティウス 詩論 松本仁助 岡道男訳

文語訳 新約聖書 詩篇付

〈法律・政治〉

アメリカのデモクラシー（全四冊） トクヴィル 松本礼二訳

〈経済・社会〉

雇用、利子および貨幣の一般理論（全二冊） ケインズ 間宮陽介訳

2023.2 B

ワイド版 岩波文庫

〈日本思想〉

代表的日本人 内村鑑三 鈴木範久訳

新版 第二集 きけ わだつみのこえ ―日本戦没学生の手記― 日本戦没学生記念会編

君たちはどう生きるか 吉野源三郎

原爆の子 ―広島の少年少女のうったえ― (全二冊) 長田新編

〈東洋思想〉

論語 金谷治訳注

老子 蜂屋邦夫訳注

新訂 孫子 金谷治訳注

史記列伝 (全五冊) 司馬遷 小川環樹 今鷹真 福島吉彦訳

2023.2 A

読書子に寄す

——岩波文庫発刊に際して——

岩波茂雄

真理は万人によって求められることを自ら欲し、芸術は万人によって愛されることを自ら望む。かつては民を愚昧ならしめるために学芸が最も狭き堂宇に閉鎖されたことがあった。今や知識と美とを特権階級の独占より奪い返すことはつねに進取的なる民衆の切実なる要求である。岩波文庫はこの要求に応じそれに励まされて生まれた。それは生命ある不朽の書を少数者の書斎と研究室とより解放して街頭にくまなく立たしめ民衆に伍せしめるであろう。近時大量生産予約出版の流行を見る。その広告宣伝の狂態はしばらくおくも、後代にのこすと誇称する全集がその編集に万全の用意をなしたるか。千古の典籍の翻訳企図に敬虔の態度を欠かざりしか。さらに分売を許さず読者を繋縛して数十冊を強うるがごとき、はたしてその揚言する学芸解放のゆえんなりや。吾人は天下の名士の声に和してこれを推挙するに躊躇するものである。このときにあたって、岩波書店は自己の責務のいよいよ重大なるを思い、従来の方針の徹底を期するため、すでに十数年以前より志して来た計画を慎重審議この際断然実行することにした。吾人は範をかのレクラム文庫にとり、古今東西にわたって文芸・哲学・社会科学・自然科学等種類のいかんを問わず、いやしくも万人の必読すべき真に古典的価値ある書をきわめて簡易なる形式において逐次刊行し、あらゆる人間に須要なる生活向上の資料、生活批判の原理を提供せんと欲する。この文庫は予約出版の方法を排したるがゆえに、読者は自己の欲する時に自己の欲する書物を各個に自由に選択することができる。携帯に便にして価格の低きを最主とするがゆえに、外観を顧みざるも内容に至っては厳選最も力を尽くし、従来の岩波出版物の特色をますます発揮せしめようとする。この計画たるや世間の一時の投機的なるものと異なり、永遠の事業として吾人は微力を傾倒し、あらゆる犠牲を忍んで今後永久に継続発展せしめ、もって文庫の使命を遺憾なく果たさしめることを期する。芸術を愛し知識を求むる士の自ら進んでこの挙に参加し、希望と忠言とを寄せられることは吾人の熱望するところである。その性質上経済的には最も困難多きこの事業にあえて当たらんとする吾人の志を諒として、その達成のため世の読書子とのうるわしき共同を期待する。

昭和二年七月

新訂 孫　子　　ワイド版岩波文庫 170

2001年1月16日　第1刷発行
2023年11月6日　第14刷発行

訳注者　金《かな》谷《や》 治《おさむ》

発行者　坂本政謙

発行所　株式会社 岩波書店
〒101-8002 東京都千代田区一ツ橋 2-5-5
案内 03-5210-4000　営業部 03-5210-4111
文庫編集部 03-5210-4051
https://www.iwanami.co.jp/

印刷・精興社　カバー・半七印刷　製本・牧製本

ISBN 978-4-00-007170-3　Printed in Japan

重要語句索引

く

け

こ

さ

し

す

せ

そ

ふ

へ

ほ

ま

み

む

や

ゆ

よ

ら

り

れ

わ